考前充分準備　臨場沉穩作答

108課綱

升科大／四技二專 ▶ 應試科目表

<table>
<tr><th colspan="2">群別</th><th>共同科目</th><th>專業科目</th></tr>
<tr><td colspan="2">機械群</td><td rowspan="7">1. 國文
2. 英文
3. 數學(C)</td><td>1. 機件原理、機械力學
2. 機械製造、機械基礎實習、機械製圖實習</td></tr>
<tr><td colspan="2">動力機械群</td><td>1. 應用力學、引擎原理、底盤原理
2. 引擎實習、底盤實習、電工電子實習</td></tr>
<tr><td rowspan="2">電機與電子群</td><td>電機類</td><td>1. 基本電學、基本電學實習、電子學、電子學實習
2. 電工機械、電工機械實習</td></tr>
<tr><td>資電類</td><td>1. 基本電學、基本電學實習、電子學、電子學實習
2. 微處理機、數位邏輯設計、程式設計實習</td></tr>
<tr><td colspan="2">化工群</td><td>1. 基礎化工、化工裝置
2. 普通化學、普通化學實習、分析化學、分析化學實習</td></tr>
<tr><td colspan="2">土木與建築群</td><td>1. 基礎工程力學、材料與試驗
2. 測量實習、製圖實習</td></tr>
<tr><td colspan="2">工程與管理類</td><td>1. 物理(B)
2. 資訊科技</td></tr>
<tr><td colspan="2">設計群</td><td rowspan="4">1. 國文
2. 英文
3. 數學(B)</td><td>1. 色彩原理、造形原理、設計概論
2. 基本設計實習、繪畫基礎實習、基礎圖學實習</td></tr>
<tr><td colspan="2">商業與管理群</td><td>1. 商業概論、數位科技概論、數位科技應用
2. 會計學、經濟學</td></tr>
<tr><td colspan="2">食品群</td><td>1. 食品加工、食品加工實習
2. 食品化學與分析、食品化學與分析實習</td></tr>
<tr><td colspan="2">農業群</td><td>1. 生物(B)
2. 農業概論</td></tr>
</table>

<table>
<tr><th colspan="2">群別</th><th>共同科目</th><th>專業科目</th></tr>
<tr><td rowspan="2">外語群</td><td>英語類</td><td rowspan="5">1. 國文
2. 英文
3. 數學(B)</td><td>1. 商業概論、數位科技概論、數位科技應用
2. 英文閱讀與寫作</td></tr>
<tr><td>日語類</td><td>1. 商業概論、數位科技概論、數位科技應用
2. 日文閱讀與翻譯</td></tr>
<tr><td colspan="2">餐旅群</td><td>1. 觀光餐旅業導論
2. 餐飲服務技術、飲料實務</td></tr>
<tr><td colspan="2">海事群</td><td>1. 船藝
2. 輪機</td></tr>
<tr><td colspan="2">水產群</td><td>1. 水產概要
2. 水產生物實務</td></tr>
<tr><td colspan="2">衛生與護理類</td><td rowspan="4">1. 國文
2. 英文
3. 數學(A)</td><td>1. 生物(B)
2. 健康與護理</td></tr>
<tr><td colspan="2">家政群幼保類</td><td>1. 家政概論、家庭教育
2. 嬰幼兒發展照護實務</td></tr>
<tr><td colspan="2">家政群生活應用類</td><td>1. 家政概論、家庭教育
2. 多媒材創作實務</td></tr>
<tr><td colspan="2">藝術群影視類</td><td>1. 藝術概論
2. 展演實務、音像藝術展演實務</td></tr>
</table>

～以上資訊僅供參考，請參閱正式簡章公告為準！～

108課綱

升科大／四技二專

程式設計實習

單元	內容綱要	
工場安全衛生及程式應用	1. 實習工場設施環境及機具設備的認識 2. 工業安全及衛生、消防安全的認識 3. 程式應用的認識	
程式架構的認識與實作	1. 應用實例的解析 3. 開發環境介面	2. 語言架構及專案架構 4. 專案除錯
變數與常數	1. 程式架構及演算法的認識 3. 變數和常數宣告與應用	2. 基本輸入/輸出函式
資料型態	1. 資料型態 3. 資料型態應用實例	2. 資料型態轉換
運算式及運算子	1. 運算式 3. 運算式與運算子應用實例	2. 運算子
流程指令及迴圈	1. 流程指令 3. 流程指令與迴圈應用實例	2. 迴圈指令
陣列及指標	1. 陣列 3. 陣列與指標應用實例	2. 指標
公用函式及函式	1. 公用函式 3. 函式應用實例	2. 函式
結構及類別	1. 結構 3. 物件導向程式設計實例	2. 類別

千華數位文化股份有限公司
新北市中和區中山路三段136巷10弄17號
TEL: 02-22289070　FAX: 02-22289076

108課綱 升科大／四技二專

數學(C)工職 完全攻略 4G051111

作為108課綱數學(C)考試準備的書籍，本書不做長篇大論，而是以條列核心概念為主軸，書中提到的每一個公式，都是考試必定會考到的要點，完全站在考生立場，即使對數學一竅不通，也能輕鬆讀懂，縮短準備考試的時間。書中收錄了大量的範例與習題，做為閱讀完課文後的課後練習，題型靈活多變，貼近「生活化、情境化」，試題解析也不是單純的提供答案，而是搭配了大量的圖表作為輔助，一步步地推導過程，說明破題的方向，讓對數學苦惱的人也能夠領悟關鍵秘訣。

程式設計實習完全攻略 4G331111

編者將實務經驗搭配108課綱核心重點，運用圖說帶你一步一步練習寫程式，如此不僅可以熟悉名詞定義的基本概念，實際演練的經驗也足夠，而這也正是對應了新課綱的素養宗旨，能夠運用在生活中才是學習的最終目的。編排方面，本書採用雙色重點字，因此你也可以把這本書當作考前的最後衝刺，快速複習重點。最後利用試題檢視學習狀況，不清楚的地方就參考解析，如此一來對於學習這項科目的準備就萬無一失了。

電機與電子群

共同科目

4G011111	國文完全攻略	李宜藍
4G021111	英文完全攻略	劉似蓉
4G051111	數學(C)工職完全攻略	高偉欽

專業科目

電機類	4G211111	基本電學(含實習)完全攻略	陸冠奇
	4G221111	電子學(含實習)完全攻略	陸冠奇
	4G231111	電工機械(含實習)完全攻略	鄭祥瑞、程昊
資電類	4G211111	基本電學(含實習)完全攻略	陸冠奇
	4G221111	電子學(含實習)完全攻略	陸冠奇
	4G321111	數位邏輯設計完全攻略	李俊毅
	4G331111	程式設計實習完全攻略	劉焱

108課綱 升科大／四技二專

英文 完全攻略 4G021111

本書依108課綱宗旨全新編寫，針對課綱要點設計，例如書中的情境對話、時事報導就是「素養導向」以「生活化、情境化」為主題的核心概念，另外信函、時刻表這樣圖表化、表格化的思考分析，也達到新課綱所強調的多元閱讀與資訊整合。有鑑於新課綱的出題方向看似繁雜多變，特請名師將以上特色整合，一一剖析字彙、文法與應用，有別於以往單純記憶背誦的英文學習方法，本書跳脱制式傳統，更貼近實務應用，不只在考試中能拿到高分，使用在生活中的對話也絕對沒問題！

機械製圖實習 完全攻略 4G151111

依據最新課綱精編，編者將「機械製圖實習」這項科目針對108課綱進行刪修，除了重點更加精簡好讀外，也更貼近現在學習的趨勢。除了課文以實務運用的方向編寫，題目也因應素養導向，蒐羅實際上會碰到的問題，這樣的考法不僅符合統測出題的模式，也可以內化吸收成為日後職場上的應變能力。並且，本書使用大量的圖說，互相對照可以更清楚考試的核心內容，由淺入深的學習機械製圖實習這項科目。

機械群

共同科目

4G011111	國文完全攻略	李宜藍
4G021111	英文完全攻略	劉似蓉
4G051111	數學(C)工職完全攻略	高偉欽

專業科目

4G111111	機械原理完全攻略	黃蓉
4G121111	機械力學完全攻略	黃蓉
4G131111	機械製造完全攻略	盧彥富
4G141111	機械基礎實習完全攻略	劉得民・蔡忻芸
4G151111	機械製圖實習完全攻略	韓森・千均

目次

Unit 6 流程指令及迴圈

Unit 7 陣列及指標

Unit 8 公用函式及函式

Unit 9 結構及類別

解答及解析

試題分析及準備方法

一、考前30分鐘複習

檢視各章節重點，針對比較不熟悉的題目，再次確認其原理及解題方式。最好的方式，就是在研讀各章節時，用自己的方式，整理好筆記及重點，在考前快速瀏覽。

二、準備方法

程式設計的主軸，就是先要清楚每個名詞的定義跟用法，透過老師課堂的說明以及實際程式編譯（Compiler）練習，透過除錯（Debug）才能發現錯誤以及熟撚其用法。

(一) 相關程式元素要熟記定義及用法

除了程式設計的基本觀念要清楚之外，資料型態（Data types）、常數（Constants）、變數（Variables）、程式的組成（運算元、運算子）、控制結構（Control structures）、迴圈結構（Loop structures）、陣列與結構（Arrays and structures）、函式（Functions）、基礎資料結構（Basic data structures）；包含佇列（Queues）和堆疊（Stacks），以及物件導向結構（Object Oriented Structure） 都要清楚了解。

(二) 程式編譯環境

針對不同程式語言，會有不同的開發環境，如果連開發環境都沒有，就沒有辦法練習寫程式，也就沒有機會發現自己的問題，所以擁有開發環境以及練習寫程式，是非常重要的。

三、命題統計及趨勢分析

根據108課綱十二年國民基本教育技術型高級中等學校電機與電子群課程綱要所摘要「程式設計實習」的學習重點：我們可以合理的推測考題在各章節的比例。

(一) 認識程式語言的架構，具備符號辨識的能力。

(二) 了解以演算法為基礎的程式設計方法，並能以系統思考、規劃執行、科技資訊運用方式，進行專業問題之解決。

(三) 具備程式設計之技術與能力，並了解以**專案開發**為目標的程式設計概念，並能以團隊合作之精神，積極面對與解決職場各種問題。

(四) 認識程式設計**工場設施**，並了解工業安全及衛生與消防安全相關知識，建立工作職業安全及衛生知識的理解與實踐，探究職業倫理的基礎素養，並展現良好的工作態度與情操。

(五) 能思辨**勞動法令規章**與相關議題，省思自我的社會責任。

單元主題	命題比例%
工廠安全衛生及程式應用	5
程式架構的認識與實作	5
變數與常數	11
資料型態	8
運算式及運算子	11
流程指令及迴圈	15
陣列及指標	15
公用函式及函式	15
結構與類別	15

參考資料

1. Stanley B. Lippman, Josée Lajoie，侯捷（2004）譯，《C++ Primer, 3rd ed.》，碁峯資訊股份有限公司。

2. 洪國勝，胡馨元，中學生資訊科技APCS-使用C程式設計，全勝出版有限公司。

3. 吳燦銘著、ZCT策劃，APCS 大學程式設計先修檢測：C語言超效解題致勝秘笈，新北市：博碩文化。

4. 蔡文龍 / 何嘉益 / 張志成 / 張力元，C語言基礎必修課（涵蓋「大學程式設計先修檢測 APCS」試題詳解），碁峰資訊股份有限公司。

Unit 1
工場安全衛生及程式應用

章節名稱	重點提示
1-1 實習工場設施環境及機具設備的認識	認識實習工場設備及圖示
1-2 工業安全及衛生、消防安全的認識	1. 工業安全及衛生的認識 2. 消防安全的認識
1-3 程式應用的認識	1. 程式應用的種類及範圍 2. 資訊安全的重要

1-1 實習工場設施環境及機具設備的認識

實習工廠有哪些設備？

程式設計實習此課程是屬於電腦的操作及應用，所以是較適合「微電腦實驗工廠」；其中的設施有電腦相關的硬體設備以及軟體設備。整理如下圖：

(一) 硬體設備：

分類	硬體設施	圖像
個人電腦	包含電腦主機、滑鼠、鍵盤、螢幕等。	
網路相關設備	路由器、集線器以及網路線等。	
顯示設備	投影機、印表機等。	
相關電力設備	插頭、延長線等。	

(二) 軟體設備：

分類	硬體設施
作業系統	Microsoft windows、Linux等。
文書處理軟體	Microsoft Office、Adobe Acrobat等。
程式開發軟體	Microsoft Visual Studio、Microsoft Visual C++、Java等。

(三) 其他設備：

分類	硬體設施
急救藥品	急救箱。
滅火裝備	滅火器。
逃生路線圖	逃生、安全出口圖示。
緊急照明設備	緊急照明燈。

隨堂練習

( ) 下列何種設備不是實習工廠常見的？
(A)電腦設備 (B)消防設備
(C)急救設備 (D)廚房設備。

答 (D)

1-2 工業安全及衛生、消防安全的認識

一、工業安全及衛生的認識

工業安全及衛生（Industrial Safety and Health）：工業安全是指透過各種安全防護措施以避免工業災害以及人員傷亡的發生；工業衛生是指分析工業環境對工作人員健康影響的一切因素，利用方法進行預防或是減少傷害。

(一) 消極**的意思**：防止職業傷害。

1. **工廠環境方面**：
   (1) 確實做好機器維修保養。
   (2) 順暢的行進路線。
   (3) 良好、通風的工作環境。
   (4) 確實做好消防工作。
2. **人員操作方面**：
   (1) 提供正確地操作手冊。
   (2) 提供正確的教育訓練。
   (3) 提供正確的工作態度。

(二) 積極**的意思**：讓工作者的安全及健康更有保障。

訂定安全衛生工作守則：
(1) 訂定職業安全衛生管理及各級的權責。
(2) 訂定工作場所之設備及維護準則。
(3) 訂定標準作業程序（Standard Operating Procedure, SOP）。
(4) 定期舉辦教育訓練及演練。

(三) 急救及搶救：若是不幸還是發生意外傷害，急救及通報也是必須的。

1. **急救的目的**：
   (1) 維持患者之生命。
   (2) 防止患者之病情惡化。
   (3) 運用急救方法，使患者恢復的過程。
2. 生命之鏈（Chain of Survival）：
   根據美國心臟學會公布，最新的心肺復甦術（CPR），將原本的「叫叫ABC」改成「叫叫CAB」，是將按壓胸部往前移，旨在提高患者的存活率之外，還能維持體內血液之通暢，避免腦死的機率。

(1) 生命之鏈如下圖所示：

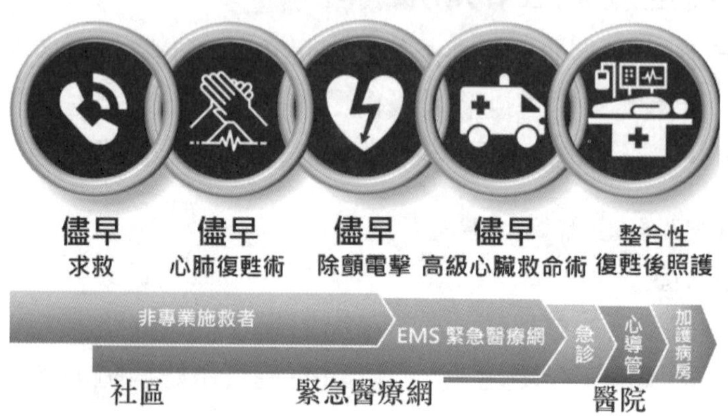

（資料來源：衛生福利部臺南醫院）

(2) 我國衛生署函文說明的新版「**叫叫**CABD」，如下圖所示：

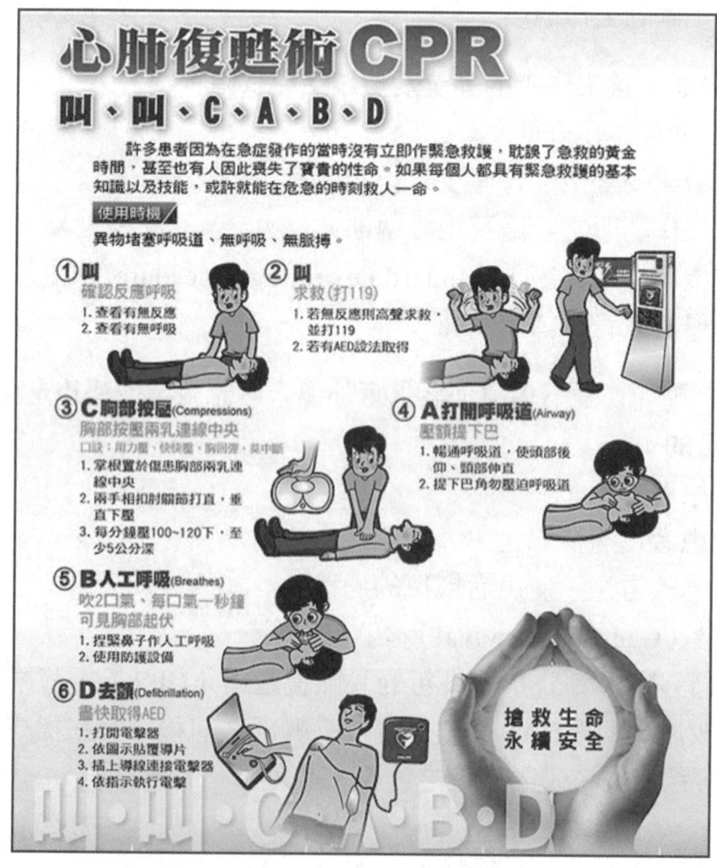

（資料來源：瑞豐國小健康促進學校）

小教室

CABD 的英文及意思

C：（Compression）體外心臟按摩。

A：（Airway）維持氣道暢通。

B：（Breathing）人工呼吸。

D：（Defibrillator）使用 AED

二、消防安全的認識

火災的定義：火災係指「火」違反正常的用途，因燃燒作用而生獨立延燒之狀態。換言之，火災乃是違反一般人的意思或少數人不正當特定目地（如縱火、玩火）而發生成擴大之燃燒現象。

(一) 火災的分類：

類別	名稱	說明	備註
A類火災	普通火災	火災普通可燃物如木製品、紙纖維、棉、布、合成樹脂、橡膠、塑膠等發生之火災。通常建築物之火災即屬此類。	可以藉水或含水溶液的冷卻作用使燃燒物溫度降低，以致達成滅火效果。
B類火災	油類火災	可燃物液體如石油、或可燃性氣體如乙烷氣、乙炔氣、或可燃性油脂如塗料等發生之火災。	最有效的是以掩蓋法隔離氧氣，使之窒熄。此外如移開可燃物或降低溫度亦可以達到滅火效果。
C類火災	電氣火災	涉及通電中之電氣設備，如電器、變壓器、電線、配電盤等引起之火災。	有時可用不導電的滅火劑控制火勢，但如能截斷電源再視情況依A或B類火災處理，較為妥當。

類別	名稱	說明	備註
D類火災	金屬火災	活性金屬如鎂、鉀、鋰、鋯、鈦等或其他禁水性物質燃燒引起之火災。	這些物質燃燒時溫度甚高，只有分別控制這些可燃金屬的特定滅火劑能有效滅火。通常均會標明專用於何種金屬。

(二) 滅火的基本方法：

燃燒的條件	方法名稱	滅火原理	滅火方法
可燃物	拆除法	搬離或除去可燃物。	將可燃物搬離火中或自燃燒的火焰中除去。
助燃物(氧)	窒息法	除去助燃物。	排除、隔絕或者稀釋空氣中的氧氣。
熱能	冷卻法	減少熱能。	使可燃物的溫度降低到燃點以下。
連鎖反應	抑制法	破壞連鎖反應。	加入能與游離基結合的物質，破壞或阻礙連鎖反應。

(三) 滅火器使用方法：

1. 【拉】開安全插梢。
2. 握住皮管前端，【瞄】向火源底部。
3. 【壓】握把，噴出滅火劑。
4. 向火源底部左右移動【掃】射。
5. 熄滅後灑水將餘燼冷卻。
6. 保持監控確定熄滅。

滅火器使用方法

（資料來源：新北市政府消防局）

(四) **火災的預防方法：**

1. 保持實習工場的環境整潔，避免堆放雜物。
2. 良好的電力使用習慣及保養。
3. 定期的教育訓練及防災演練。

隨堂練習

( ) **1** 滅火器使用的口訣？

(A)【拉】、【壓】、【瞄】、【掃】

(B)【掃】、【拉】、【瞄】、【壓】

(C)【拉】、【瞄】、【壓】、【掃】

(D)【拉】、【掃】、【瞄】、【壓】。

(　　) **2** 下列哪一項不是急救的目的？
(A)維持患者之生命
(B)防止患者之病情惡化
(C)運用急救方法，使患者恢復的過程
(D)救人一命勝造七級浮屠。

(　　) **3** 衛生署新版的心肺復甦術（CPR），何者正確？
(A)叫叫CABD　(B)叫叫CBAD
(C)叫叫ABCD　(D)叫叫CBDA。

(　　) **4** 下列針對可燃物的滅火的方式，是正確的？
(A)窒息法　(B)拆除法
(C)冷卻法　(D)抑制法。

答 **1** (C)　**2** (D)　**3** (A)　**4** (B)

1-3 程式應用的認識

一、程式應用的認識

科技的進步及應用，廣泛的普及在食衣住行育樂中，所以我們要了解資訊科技可以應用在哪些範疇，歸納如下表。

領域	說明
行動裝置	智慧型手機及穿戴裝置，結合醫療及行動支付。
物聯網（Internet of Thing, IoT）	在網路的架構下，串聯相關連的物體，利用程式設計，可以使物體運作更有效率及智慧化。
金融科技	透過大數據（Big Data）的分析，透過程式的整合，提供夠即時及正確的分析給客戶。
虛擬實境	利用科技，讓使用者可以身歷其境地感受到真實的情境，可以增強娛樂的體驗以及教育訓練的效果。
機器人領域	利用人工智慧（Artificial Intelligence, AI）的技術，成功的導入我們日常生活；例如掃地機器人、醫療照顧等。

二、資訊安全的重要

隨著科技的進步及應用，很多的資訊會透過網路進行傳輸，有心人士或是駭客就會利用網路的節點進行資料擷取，會是散布不實的連結，進行擷取個人的重要資訊，所以了解資訊安全的知識以及防護方法，是這個世代的人，都應該具備的。以下說明**資安的威脅及防備方法**：

種類	說明	防備措施
電腦病毒	電腦的病毒，會破壞電腦的開機程式或是損毀相關檔案。	安裝防毒程式以及定期更新病毒碼。
駭客（Hacker）	利用其對電腦的深度了解，進行滲透及擷取資料。	定期補修軟體的漏洞。

種類	說明	防備措施
釣魚網站	網路的詐騙手法，利用類似的網頁，騙誘使用者點選，進而擷取相關資料。	不點擊來路不明的連結或是檔案。
盜版軟體	使用未經授權的軟體系統，除了有法律責任之外，同時也較易被植入惡意程式。	使用正版軟體。
勒索病毒	特殊的惡意軟體，會將使用者重要的東西加密，要求受害者交贖金以取回解密的金鑰。	不點擊來路不明的連結或是檔案；定期補修軟體的漏洞。

隨堂練習

(　　) 下列何種觀念敘述不正確？
(A)定期更新防毒軟體
(B)不隨意開啟來路不明的檔案或是連結
(C)定期補修軟體的漏洞
(D)使用盜版軟體沒關係。

答 (D)

考前實戰演練

(　　) 1 對資通安全防護而言，下列何者為不正確的措施？
(A)不管理維護使用頻率很低的伺服器
(B)不連結及登入未經確認的網站
(C)不下載來路不明的免費貼圖
(D)不開啟來路不明的電子郵件及附加檔案。【108年統測】

(　　) 2 將要傳送的文件先透過雜湊函數運算後產生訊息摘要，並利用傳送者的私鑰將摘要加密後連同文件一起傳送，是屬於下列哪一種資訊安全的防護策略？
(A)數位簽章　(B)防火牆
(C)防毒軟體　(D)密碼管制。【100年統測】

(　　) 3 下列哪一項不是Windows XP資訊安全中心所提供的設定選項？
(A)防火牆　(B)自動更新
(C)病毒防護　(D)使用者帳戶。

(　　) 4 下列哪一項不是提升資訊安全的作法？
(A)安裝防毒軟體
(B)設置防火牆
(C)不隨意執行來路不明的程式
(D)不要更新作業系統。

(　　) 5 請問下列何者不合乎資訊安全？
(A)將資料設定密碼保護，只有密碼擁有者可存取
(B)將資料設定存取權限，如：唯讀，可寫入……等
(C)將資料設定公開，方便所有人存取
(D)將資料定期備份，遇資料損毀可復原。

(　　) 6 請問電腦開始大量寄出不知名電子郵件，導致磁碟空間耗盡或郵件伺服器癱瘓，代表電腦已遭受何種安全威脅？
(A)阻斷服務攻擊　(B)電子郵件炸彈
(C)網路釣魚　(D)木馬程式。

( ) **7** 下列何者關於網路病毒的預防與管理是不正確的？
(A)不允許使用者自行安裝軟體
(B)使用防毒軟體或其他工具來加強安全防護
(C)允許使用者使用來路不明的開機程式
(D)明訂電腦使用規則。

( ) **8** 「駭客入侵」是屬於下列哪一種影響資訊安全的因素？
(A)人為蓄意破壞 (B)天然意外災害
(C)人為操作疏失 (D)環境因素導致電腦發生故障。

( ) **9** 有關系統安全的觀念，以下何者正確？
(A)公司系統眾多,需要記得很多密碼,最好取短一點,以免忘記
(B)各種系統安全的防護機制，例如：防毒軟體、防火牆都只能提供部分的安全性，密碼若外洩，系統安全就可能遭受威脅
(C)最要好的同事寄email給我，一定不會有問題，直接點開來看看
(D)系統安全的威脅都來自外部，所以只要加強網路安全，防禦外來駭客入侵，即可確保系統安全。

( ) **10** 請問下列違反資訊安全概念？
(A)將檔案定期備份，遇檔案損毀可復原檔案
(B)將檔案設定公開方便所有人存取
(C)將檔案分別設定存取權限，如：唯獨、可寫入……等
(D)將檔案設定密碼保護，只有密碼擁有者可存取檔案。

( ) **11** 下載不明來源程式執行後，過幾日發現帳號、密碼已外流，請問最有可能是以何種資訊安全威脅？
(A)木馬程式 (B)電子郵件炸彈
(C)網路釣魚 (D)阻斷服務攻擊。

Unit 2
程式架構的認識與實作

章節名稱	重點提示
2-1 應用實例的解析	1. 什麼是物聯網（IoT）？應用領域為何？ 2. 5G如何加速物聯網部署？
2-2 語言架構及專案架構	1. C/C++語言架構 2. C/C++專案架構
2-3 開發環境介面	1. Dev-C++開發環境介紹 2. 專案建立及執行
2-4 專案除錯	1. 語法錯誤（Syntax Error） 2. 語意錯誤（Semantic Error）

2-1 應用實例的解析

一、物聯網（Internet of Thing）

在目前這種資訊與網路息息相關的時代，把日常生活（食衣住行育樂）經由網路串聯起來，使訊息的傳遞經由網路來達成，就是物聯網的範疇。應用領域介紹如下：

(一) **工廠「工業4.0」**

工廠經由程式設計以及物聯網的串接，可以使產線、物流、金流串聯在一起，達成智慧聯網的功能。

(二) **城市「智慧城市」**

城市經由物連網，串聯路燈、交通號誌以及其他消防設備，達成智慧城市的功能。

(三) **銷售「智慧銷售」**

經由物聯網串連大數據，可以了解客戶的需求，達到智慧銷售的目的。

(四) **居家「智慧居家」**

串聯生活家電，使生活更有效率；串聯長照需求，使老人照顧及醫療更即時及方便。

(五) **能源「智慧能源」**

串聯可以供給的能源或是自然資源，使生活更環保。

二、5G提供給物聯網的好處

無數的商業模式受網路速度的大幅提升所驅動而誕生，手機不再只是通話、簡訊、或是單純的上網。經由5G的三個特型：大頻寬（eMBB）、大連結（mMTC）、超低延遲（URLLC），可以讓生活更智慧。

(一) **大頻寬（eMBB）**

5G每秒可達500Mb 左右的下載速度，將比4G快上10倍，很多雲端應用，就不會侷限在固定的高端設備上，手機就可以實現。

(二) **大連結（mMTC）**

4G時，一台基地台只能連線100台左右的端末裝置，5G則能讓上萬台裝置同時連線，這表示能提供自動車以及交通聯網的各項應用。

(三) **超低延遲（URLLC）**

5G的回應時間為1毫秒，約為4G的1/10，結合以上兩點的優勢，再加上低延遲性，雲端遊戲以及智慧城市的願望，都會漸漸被實現。

小教室

4G、5G 的比較

項目	4G	5G
峰值速率（理想上傳、下載速度）	0.1-1 Gbps。	1-10 Gbps。
延遲（回應時間）	15-25毫秒（0.02-0.03秒）。	1毫秒（0.001秒）。
頻率	低於10 GHz。	30到300 GHz。
優點	低頻覆蓋廣。	高頻提升傳輸速率。
缺點	頻寬小易壅塞。	難穿透固體，訊號隨距離快速下降，需建置更多基地台。

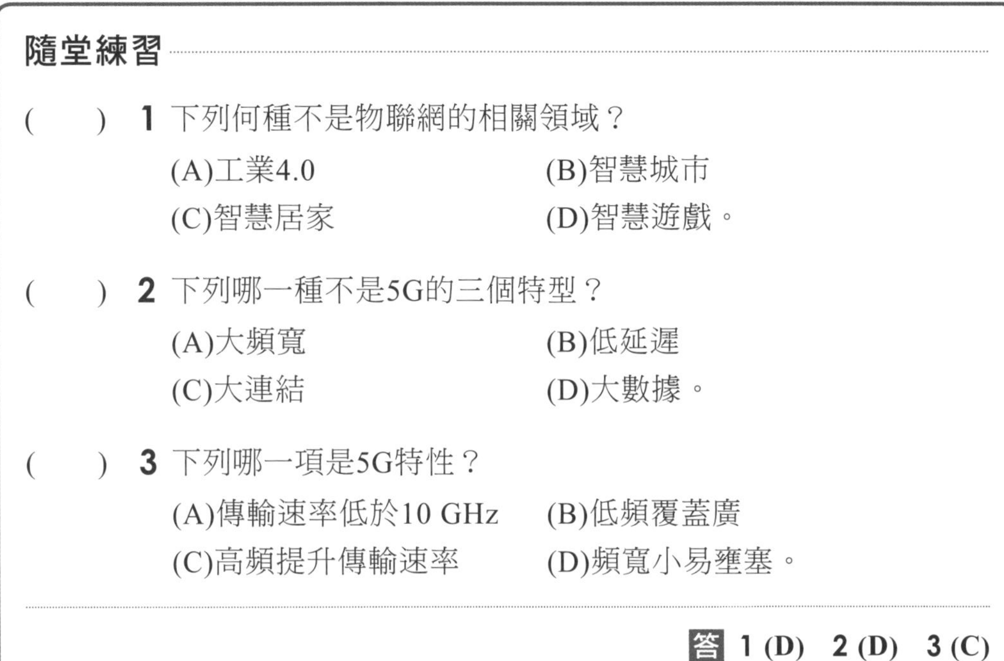

隨堂練習

( ) **1** 下列何種不是物聯網的相關領域？
(A)工業4.0 (B)智慧城市
(C)智慧居家 (D)智慧遊戲。

( ) **2** 下列哪一種不是5G的三個特型？
(A)大頻寬 (B)低延遲
(C)大連結 (D)大數據。

( ) **3** 下列哪一項是5G特性？
(A)傳輸速率低於10 GHz (B)低頻覆蓋廣
(C)高頻提升傳輸速率 (D)頻寬小易壅塞。

答 **1** (D) **2** (D) **3** (C)

2-2 語言架構及專案架構

一、C/C++語言架構

認識C語言前，我們必需要了解程式語言跟電腦如何溝通。人類使用的是自然語言，機器能夠讀取的是機器語言，程式語言能夠將使用者需要表達的訊息，正確地傳達給機器辨識。程式語言的分類及優缺點如下：

	優點	缺點
機器語言（Machine Language）	是執行效率最高的程式語言。	不易理解。
組合語言（Assembly Language）	使用較少的記憶體資源。	無法跨平台使用。
高階語言（High-level programming Language）	1. 跨平台使用。 2. 物件導向的概念。	使用者需要學習不同的語言（C、Java、Python等）。

小教室

不同程式語言執行過程圖示

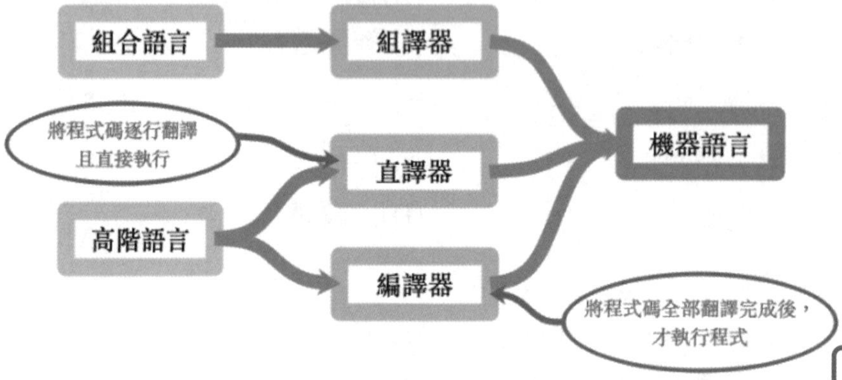

不同程式語言產生可執行碼的過程

二、C/C++專案架構

軟體的開發，都會經由專案的方式呈現，專案進行中的軟體部分，有一個我們必須了解的**軟體發展生命週期**（Software Development Life Cycle Model，**簡稱**SDLC），分析介紹如下：

階段	說明
確認需求 Recognition of need	對於軟體要達到的目標，進行確認。
研究可行性 Feasibility study	要確定軟體開發的可行性，做好可以執行此專案的任何關鍵確認。
分析系統 System Analysis	在確定軟體開發可行的情況下，對軟體需要實現的各個功能進行詳細分析。此階段同樣要訂定相關需求變更計畫，以因應未知的變數。

階段	說明
設計系統 **System Design**	根據分析的結果，進行軟體設計。
實行系統 **System Implementation**	根據設計的雛形，進行系統開發。
實行系統後以及維護	確認系統運行的狀況，適時調整。

隨堂練習

( ) **1** 下列哪一中語言不是高階語言？
(A)PMP (B)Python
(C)C (D)Java。

( ) **2** 高階語言需要哪一種媒介，才能轉換給機器語言讀取？
(A)編譯器 (B)編輯器
(C)轉換器 (D)翻譯器。

( ) **3** 編譯程式可以檢查程式的哪一種錯誤？
(A)語意錯誤 (B)語法錯誤
(C)執行錯誤 (D)文件錯誤。

( ) **4** 下列何種不是軟體發展生命週期的過程？
(A)需求訪談 (B)程式設計
(C)程式開發 (D)合約簽訂。

答 **1** (A) **2** (A) **3** (B) **4** (D)

2-3 開發環境介面

一、Dev-C++開發環境簡介

Dev-C++是一套用於開發C/C++的免費軟體，相關軟體可以經由以下網址下載（https://orwelldevcpp.blogspot.tw/），安裝設定如下：

(一) 下載完後，點選「Dev-Cpp 5.11 TDM-GCC 4.9.2 Setup.exe」執行檔，執行此程式。

1 執行此程式

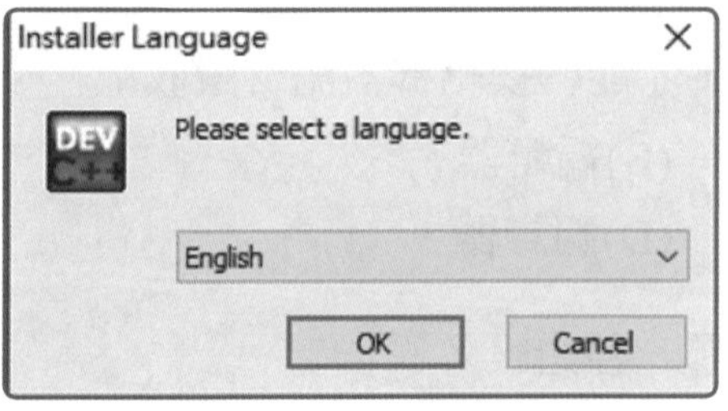

2 選擇欲安裝的語言

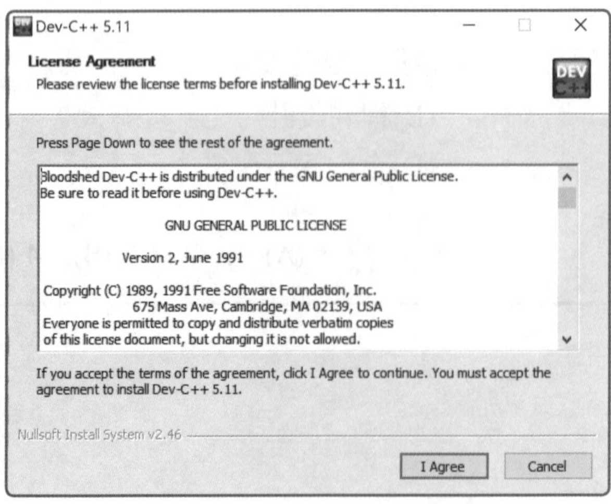

3 點選License Agreement

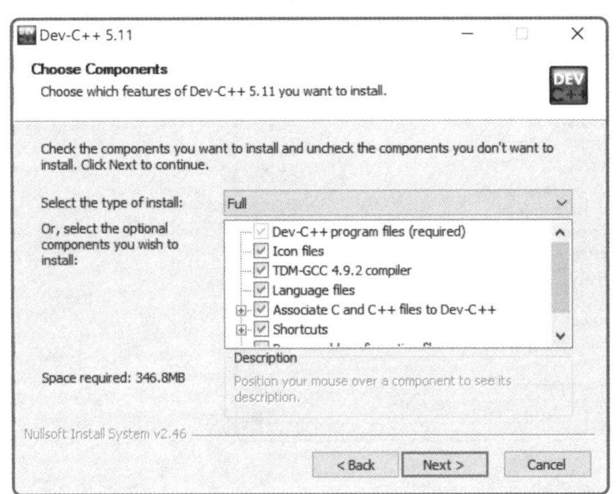

4 選擇要安裝的程式元素內容

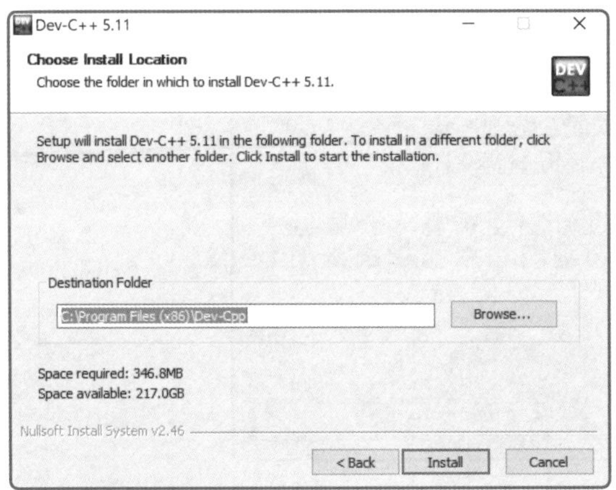

5 選擇要安裝的路徑

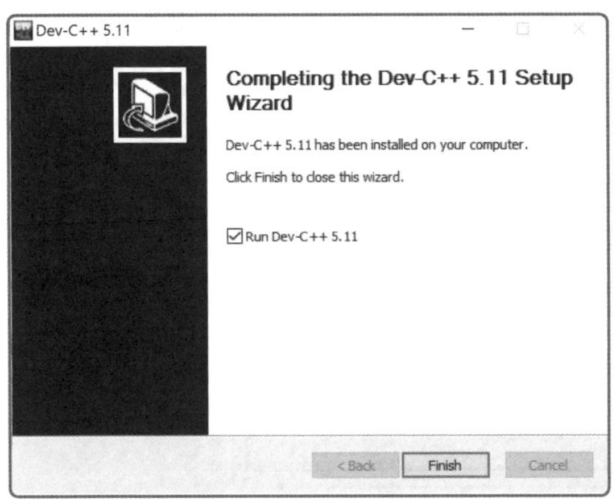

6 完成安裝並啟動Dev-C++

(二) 設定Dev-C++環境

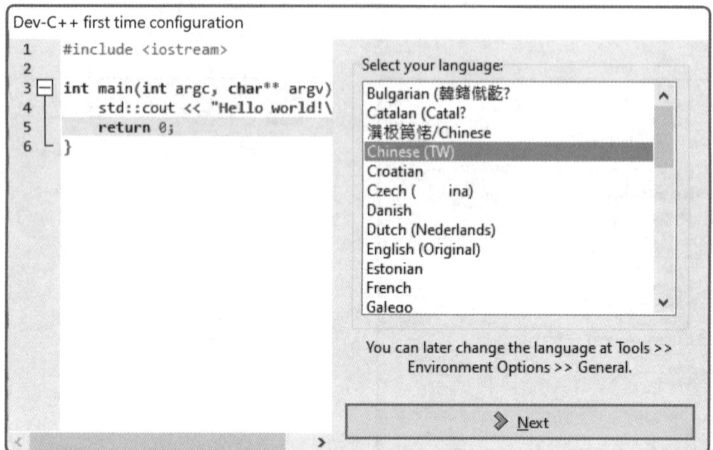

1 設定IDE的語言別

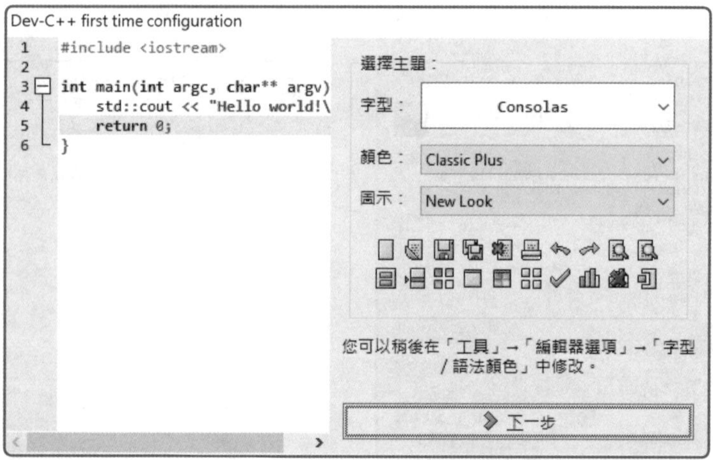

2 設定IDE的字型、顏色以及圖示

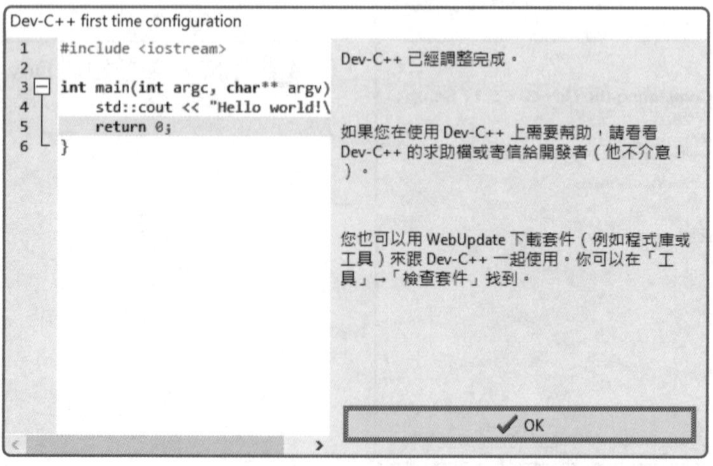

3 調整完成

二、軟體介面如下

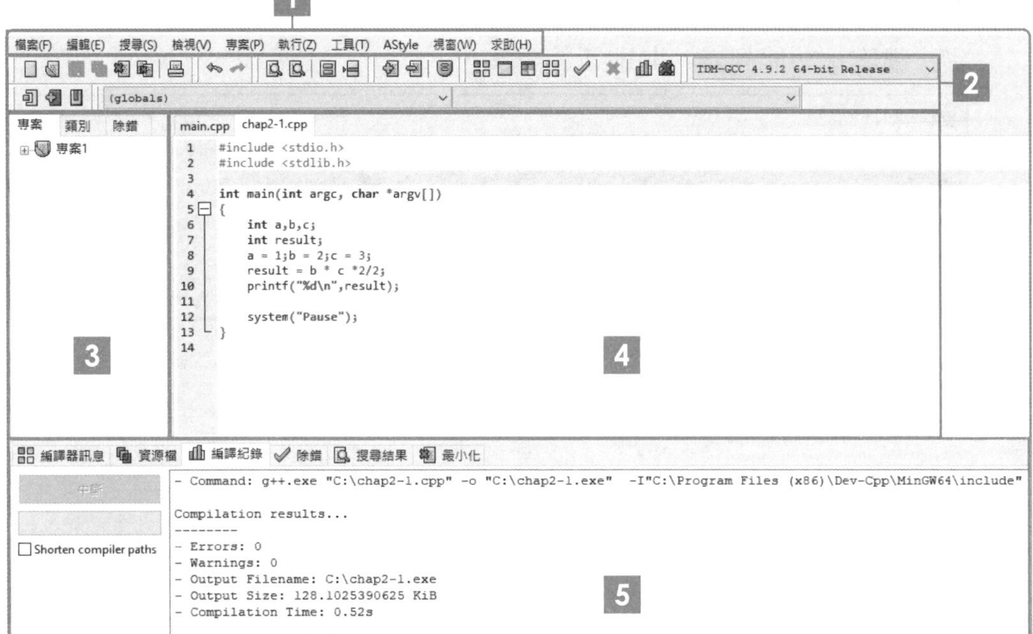

1 功能列表：所有開發所需的功能。

2 工具列：常用的功能，包含開啟新檔案、編譯或是執行，都在此處。

3 專案管理區：顯示專案內的所有相關檔案。

4 程式編輯區：可以進行所有程式的撰寫。

5 編譯器輸出紀錄區：顯示編譯（Compiler）的紀錄過程。

6 狀態列：顯示程式的行數或是長度等資訊。

▶補充說明

除了使用Dec-C++開發之外，也可以使用「Visual Studio Code」同時安裝「C/C++ for Visual Studio Code」、「C++ Intellisense」以及「Code Runner」來進行程式的編譯。詳細步驟，可以參考以下網頁說明

1. https://hackmd.io/@liaojason2/vscodecppmac
2. http://kaiching.org/pydoing/cpp-guide/code-runner.html

三、Dev-C++專案實作

(一) 開啟專案

從「檔案」功能列表，開啟新的專案。

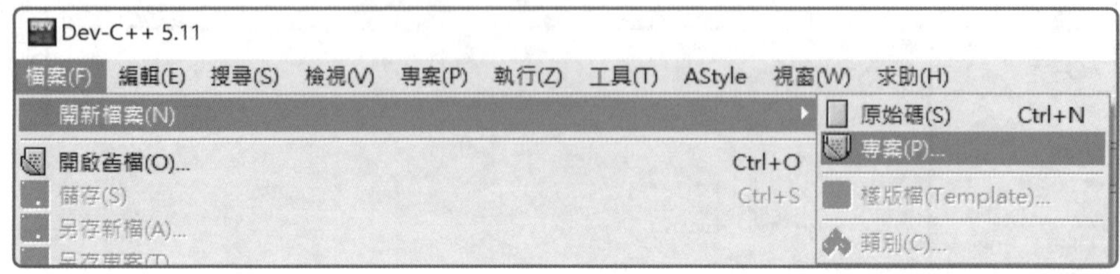

(二) 選擇專案類型

選擇「Console Application」、「C專案」、「C++專案」以及輸入專案名稱。

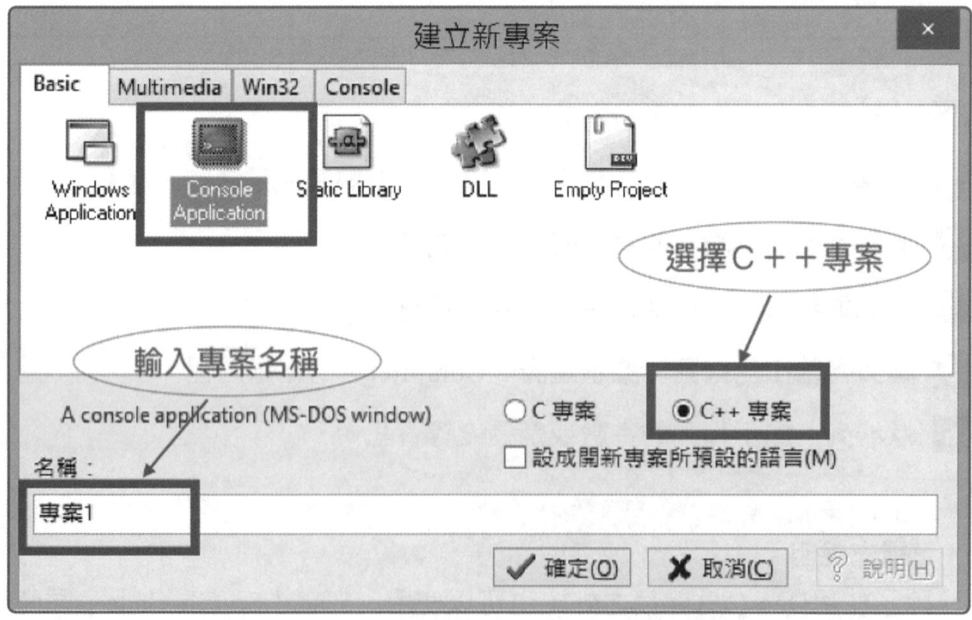

(三) 編譯及執行程式

將寫好的程式進行編譯，確認沒有錯誤後，可以進行執行，產生.exe執行檔案。

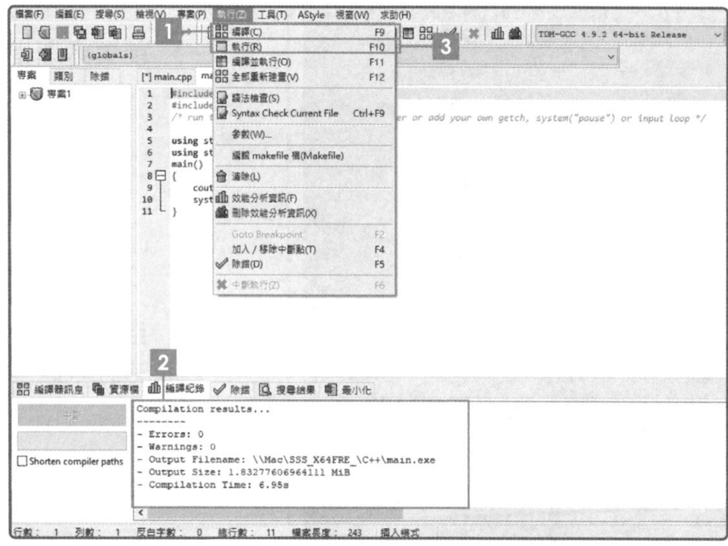

1 針對寫好的程式進行編譯

2 確認編譯無誤 Errors: 0

3 執行產生.exe執行檔

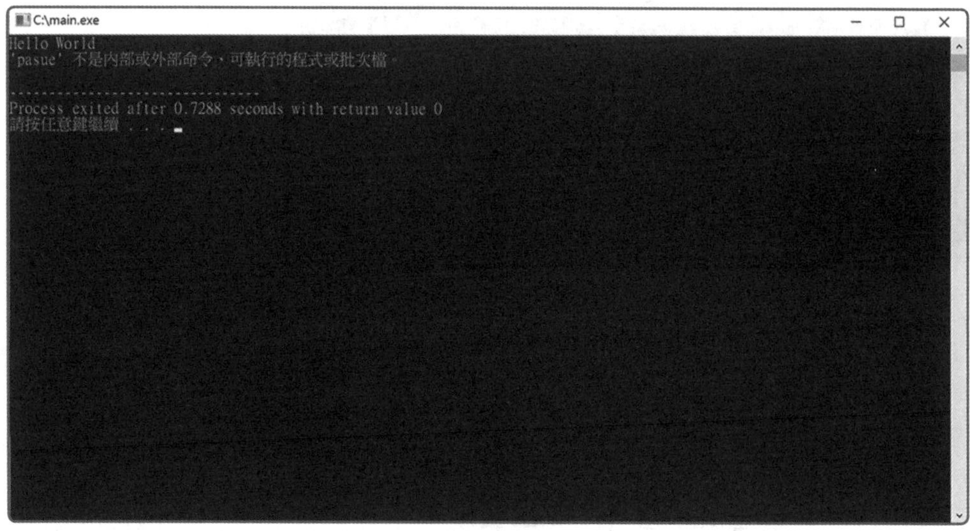

四、C程式架構介紹

一個C語言程式架構，主要大概分成以下幾個區域，圖示如下：「**前置處理指令區**」、「**自訂函式宣告區**」、「**全域變數宣告區**」、「**程式主體區**」以及「**自訂函式主體區**」，其中自訂函式的宣告，可以跟主體合在一起。

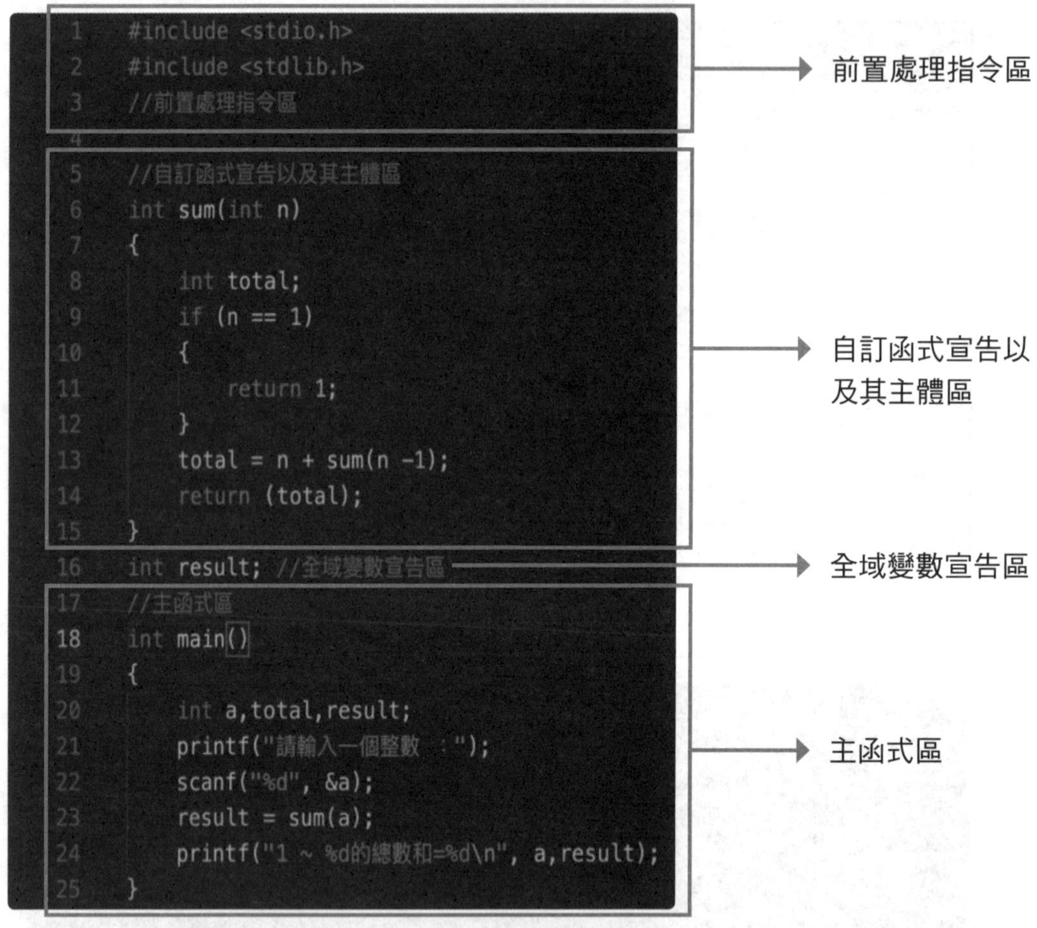

(一) **前置處理指令區**：由「#」字號開頭的敘述，我們稱之為「前置處裡指令」，程式執行前，會先啟動前置處理器（preprocessor），將「前置處裡指令」置換成某一段程式碼，才能正確編譯程式。例如程式有關於輸入以及輸出的函式，需要引用（stido.h）。

(二) **自訂函式宣告區（自訂函式主體區）**：程式設計者自行撰寫的函式，我們稱之為使用者自訂函式（User Define Function），我們可以針對需求自行撰寫所需的函式，經由程式主體「Main()」來呼叫自訂的函式，進而輸出所需的資料。

可以先宣告，後撰寫函式主體，也可以同時進行宣告以及撰寫。

(三) **全域變數宣告區**：變數（Variable）是指程式中，會隨著程式執行，會改變內容的資料。通常，程式執行前，會先定義其資料型態或是大小。變數有分全域變數（Global variable）以及區域變數（Local Variable）：全域變數可以提供給多個函式使用，區域變數只能給特定的函式使用。

(四) **程式主體區**：每一個C語言程式，都會有一個「main()」主程式，也就是程式開始執行時，會先進入此主程式。主程式可以寫在任何地方，編譯器會自行找到它，其架構描述如下：

```
int main(int argc, char *argv[])
{
    程式區段;
    return 0;
}
```

▶**補充說明**

單行程式註解可以使用「//」，一段程式註解可以使用「/*」以及「*/」包含著要註解的程式碼。

隨堂練習

( ) **1** 下列何者為Dev-C++軟體除錯需要觀察的區域？ (A)編譯器輸出紀錄區 (B)程式編輯區 (C)狀態列 (D)功能列表。

( ) **2** 下列何者為前置處理命令的前置碼？ (A)# (B)@ (C)& (D)!。

( ) **3** 下列何者不是註解的符號？ (A)// (B)@ (C)*/ (D)/*。

( ) **4** 下列何者敘述不正確？
(A)區域變數，可以被多個函式使用
(B)全域變數，可以被多個函式使用
(C)區域變數，一離開所屬函式，記憶體會被釋放
(D)副檔名是 *.h，是屬於前置處理指令。

( ) **5** Dev-C++的環境下，C語言的程式副檔名為？ (A).c (B).h (C).exe (D).java。

( ) **6** 下列何者為標頭檔的前置處理命令？ (A)#include (B).define (C)define (D)include。

答 **1** (A) **2** (A) **3** (B) **4** (A) **5** (A) **6** (A)

2-4 專案除錯

程式撰寫的過程，難免會產生一些錯誤（Bugs），透過軟體編譯的過程，可以清楚了解錯誤之處，進而加以修正，此過程稱之為除錯（Debugs）。程式錯歸納有兩種，說明如下：

一、語法錯誤（Syntax Error）

每一種程式語言都有他的撰寫規則，當使用錯誤時，編譯器就會顯示相關錯誤訊息，來幫助程式撰寫者解決問題。

(一) **違反變數命名規則**：變數命名除了英文字母（含大小寫）、數字及底線字元外，其餘皆不可以設為變數且數字不可以放在名稱的第一個位置。

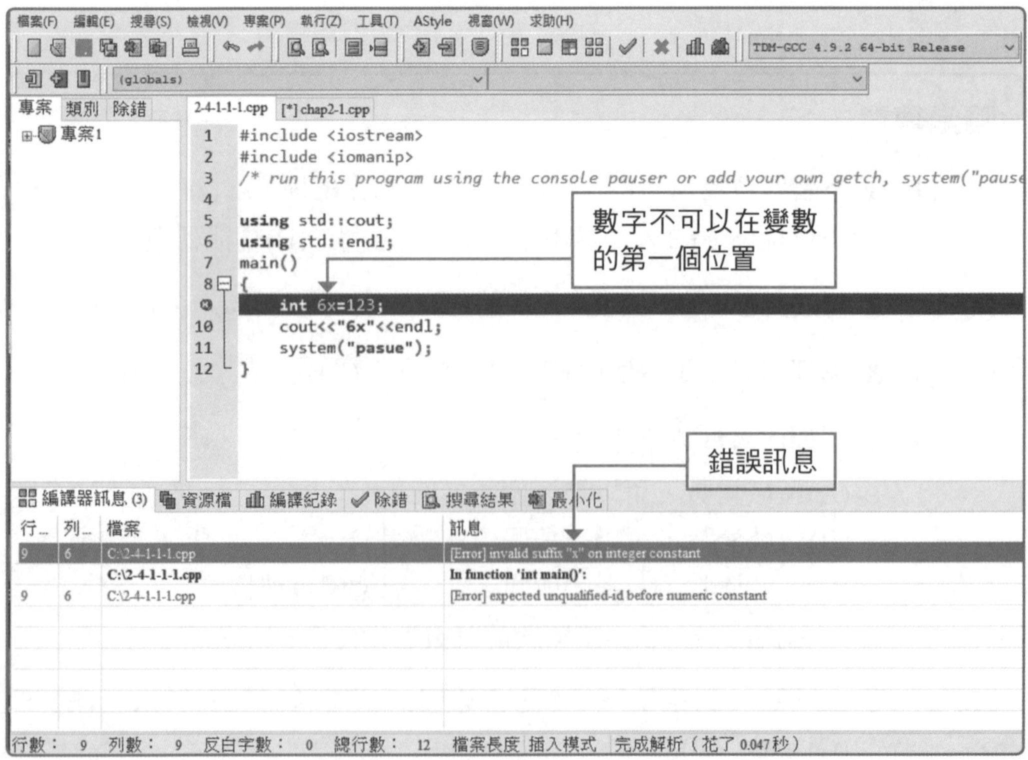

(二) **程式結構錯誤**：未宣告名稱空間。

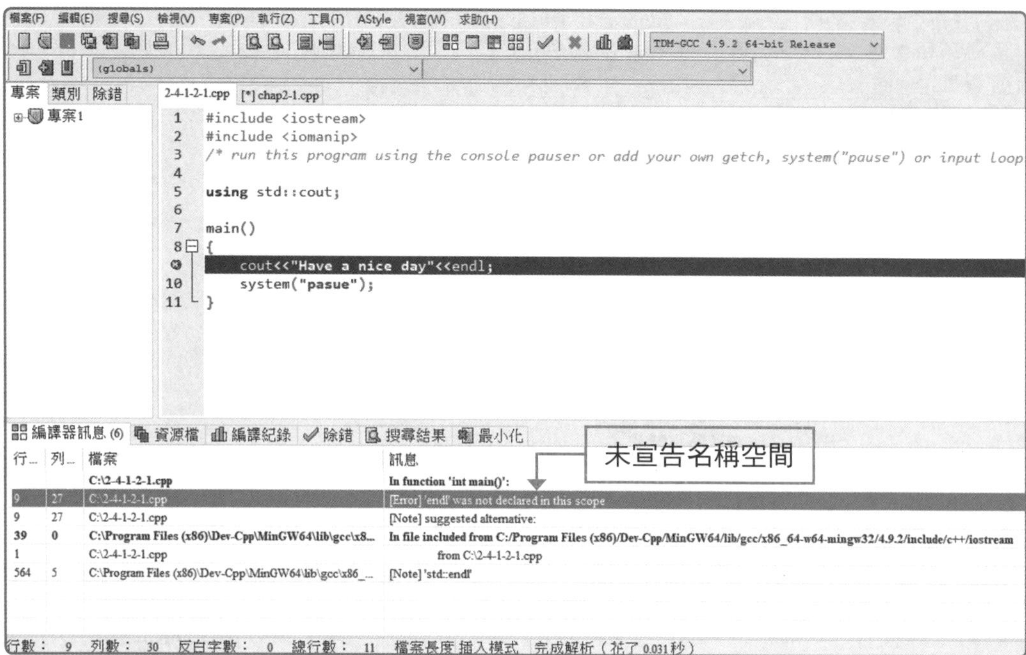

(三) **指令語法錯誤**：迴圈內的敘述，未以分號間隔。

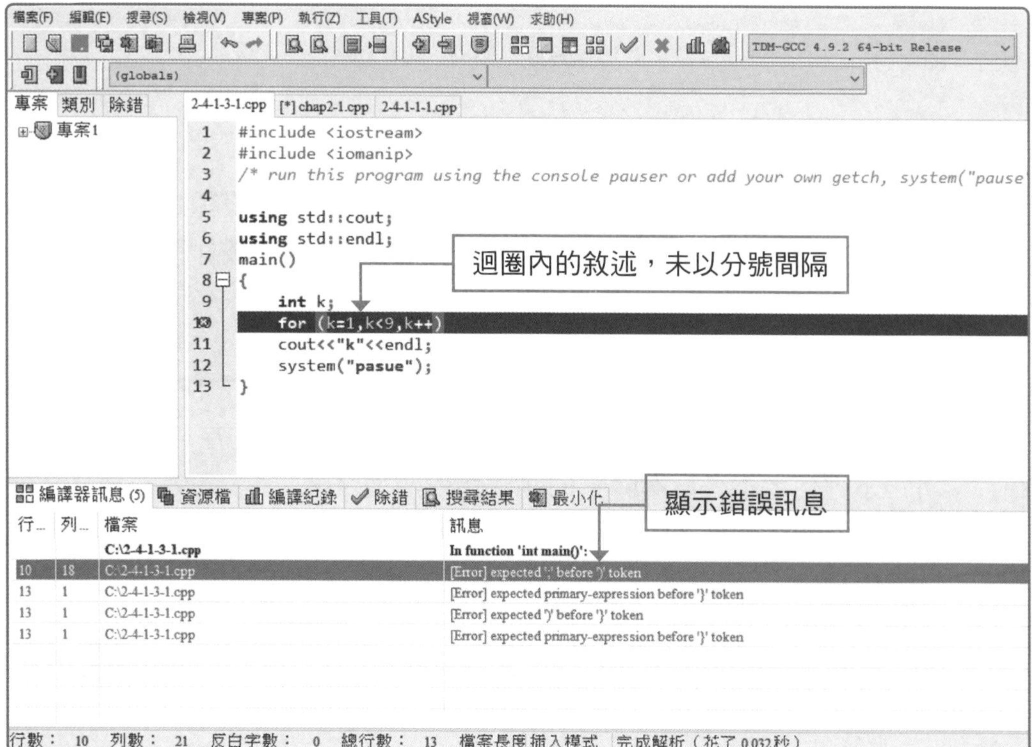

(四) **程式結構錯誤**：括號不對稱。

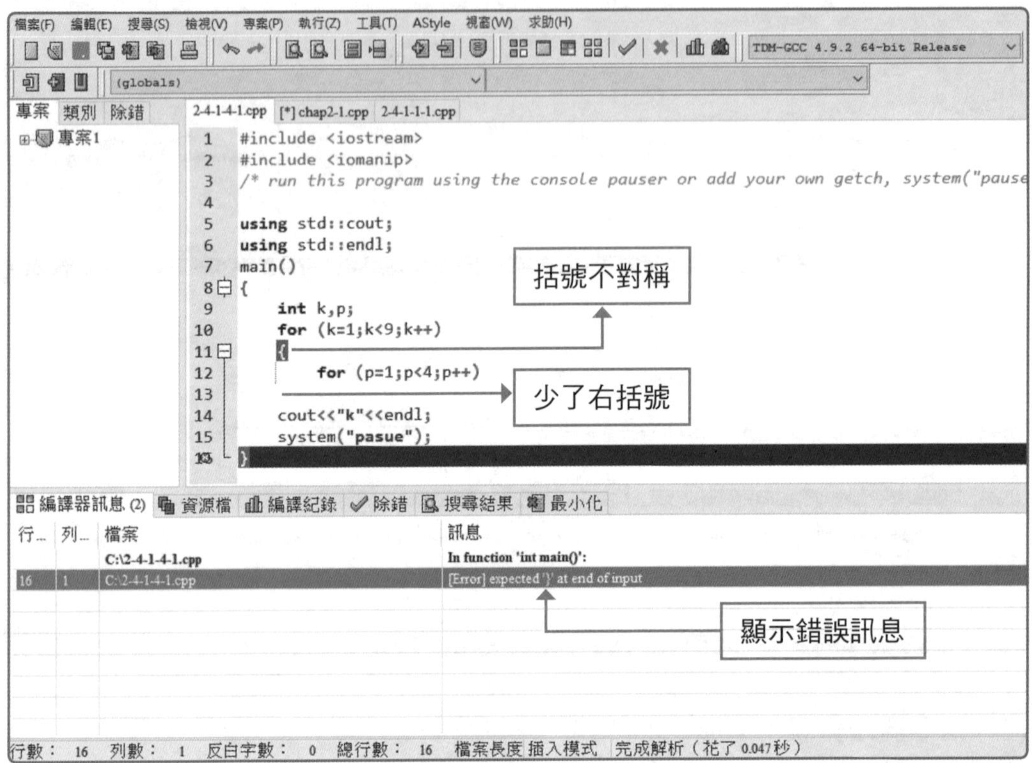

二、語意錯誤（Semantic Error）

程式的邏輯正確，但是無法得到希望的結果，基本上此錯誤都是概念上邏輯的錯誤。此錯誤無法經由編譯器獲得除錯的訊息，需要比較你預期的結果跟程式實際執行的結果差異，來得知問題所在。

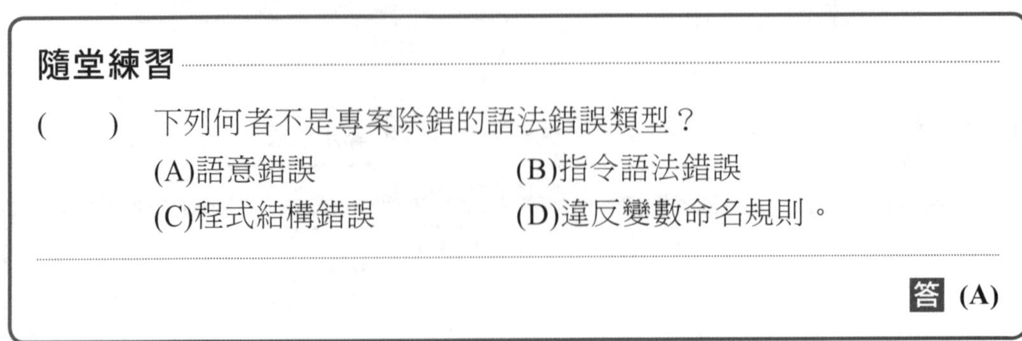

隨堂練習

(　　) 下列何者不是專案除錯的語法錯誤類型？

(A)語意錯誤　　(B)指令語法錯誤

(C)程式結構錯誤　　(D)違反變數命名規則。

答 **(A)**

考前實戰演練

(　) 1 關於直譯式程式語言，例如Python，下列敘述何者正確？
(A)與編譯、組譯式程式相比，直譯式程式執行速度較慢，但程式偵錯與測試較方便
(B)必須用直譯器（Interpreter）將人類撰寫的程式讀取兩次以上才能完整翻譯
(C)因為採用直譯器（Interpreter）將高階語言逐行翻譯為機器語言指令，程式中不能有兩層以上的迴圈
(D)因為採用直譯器（Interpreter）將高階語言逐行翻譯為機器語言指令，程式中不能進行多個檔案的開啟或關閉。【108年統測】

(　) 2 下列何者能將學生寫的高階語言C程式翻譯成機器語言後在電腦上執行？
(A)編譯器（Compiler）
(B)編輯器（Editor）
(C)直譯器（Interpreter）
(D)組譯程式（Assembler）。【107年統測】

(　) 3 下列何者與電腦程式擊敗頂尖職業圍棋高手所運用的資訊技術最相關？
(A)物聯網　(B)人工智慧
(C)人機介面　(D)電腦輔助教學。【107年統測】

(　) 4 下列關於編譯器（Compiler）的敘述，何者正確？
(A)主要功能是協助作業系統進行應用程式的分類管理
(B)C++程式設計後，需使用編譯器編譯為目的程式
(C)主要功能是將高階語言翻譯成組合語言
(D)執行BASIC語言的程式前必須先透過編譯器將程式翻譯成二進位機器語言。【107年統測】

( ) **5** 關於程式的翻譯，下列何者正確？

(A)C語言程式經過編譯器編譯之後產生機器語言指令，再經過組譯器進行連結產生執行檔

(B)Java程式的每一行敘述都是先經過直譯器翻譯成機器語言指令之後才能執行

(C)C++程式先經過直譯器翻譯成C語言，然後編譯器再進行第二次編譯之後才可以產生執行檔

(D)執行BASIC程式時，電腦會將程式逐行翻譯成機器語言，並立即執行。 【105年統測】

( ) **6** Visual Basic程式被電腦執行前，最終須轉換成下列何種語言？

(A)機器語言 (B)組合語言

(C)高階語言 (D)自然語言。 【103年統測】

( ) **7** 請問下列程式語言中，何者屬於「物件導向」程式語言（Object-Oriented Programming Language）？

(A)BASIC (B)C

(C)Java (D)Assembly。 【103年統測】

( ) **8** 相對於低階語言，下列何者不是高階語言的特性？

(A)可攜性較高

(B)使用者較易學習

(C)較容易除錯

(D)程式執行速度較快又較有效率。 【102年統測】

( ) **9** 下列有關程式語言之敘述，何者不正確？

(A)組合語言為低階語言

(B)JAVA程式可以在不同作業系統間移植

(C)物件導向語言具封裝、繼承與多型特性

(D)組合語言不需經過組譯即可執行。

( ) **10** 下列何者係用以將高階程式語言轉換為機器語言（Machine Code）？

(A)直譯器（Interpreter） (B)編譯器（Compiler）

(C)組譯器（Assembler） (D)作業系統（Operation System）。

(　　) **11** 關於「編譯器」與「直譯器」的比較，下列敘述何者不正確？
(A)編譯器的輸出是目的程式，直譯器的輸出是執行結果
(B)編譯器需要較大的記憶體空間，直譯器對記憶體的空間需求相對較小
(C)編譯器將原始檔翻譯後尚需經過其他程序才能產生執行檔，而直譯器是對原始檔逐行翻譯，逐行執行
(D)經編譯器編譯後所產生的執行檔其執行速度不如直譯器快速。

(　　) **12** 下列哪種程式語言為第二代的程式語言？
(A)機器語言　(B)組合語言
(C)C語言　(D)Java。

(　　) **13** 電腦只能執行由0與1兩種符號組合而成的機器語言，下列哪種工具無法將程式轉換成機器語言？
(A)編輯器（editor）　(B)編譯器（compiler）
(C)直譯器（interpreter）　(D)組譯器（assembler）。

(　　) **14** 關於高階語言與組合語言，下列敘述何者不正確？
(A)高階語言的原始程式（Source code）經過編譯（Compiler）編譯後可產生目的程式（Object code）
(B)組合語言的原始程式（Source code）經過組譯（Assembler）組譯後可產生目的程式（Object code）
(C)目的程式（Object code）已經是機器語言（Machine code）型態
(D)相較於組合語言，高階語言有較佳的執行效能。

(　　) **15** 下列何者是組合語言相較於高階程式語言之優點？
(A)程式執行效率較高　(B)程式較容易維護
(C)程式可讀性較高　(D)程式開發速度較快。

Unit 3 變數與常數

章節名稱	重點提示
3-1 程式架構及演算法的認識	1. 程式基本架構說明 2. 程式的靈魂－－演算法
3-2 基本輸入/輸出函式	1. 輸入函式說明 2. 輸出函式說明
3-3 變數和常數宣告與應用	1. 變數與常數宣告說明 2. 變數與常數的應用

3-1 程式架構及演算法的認識

一、程式基本架構說明

Dev-C++程式基本架構如下圖：

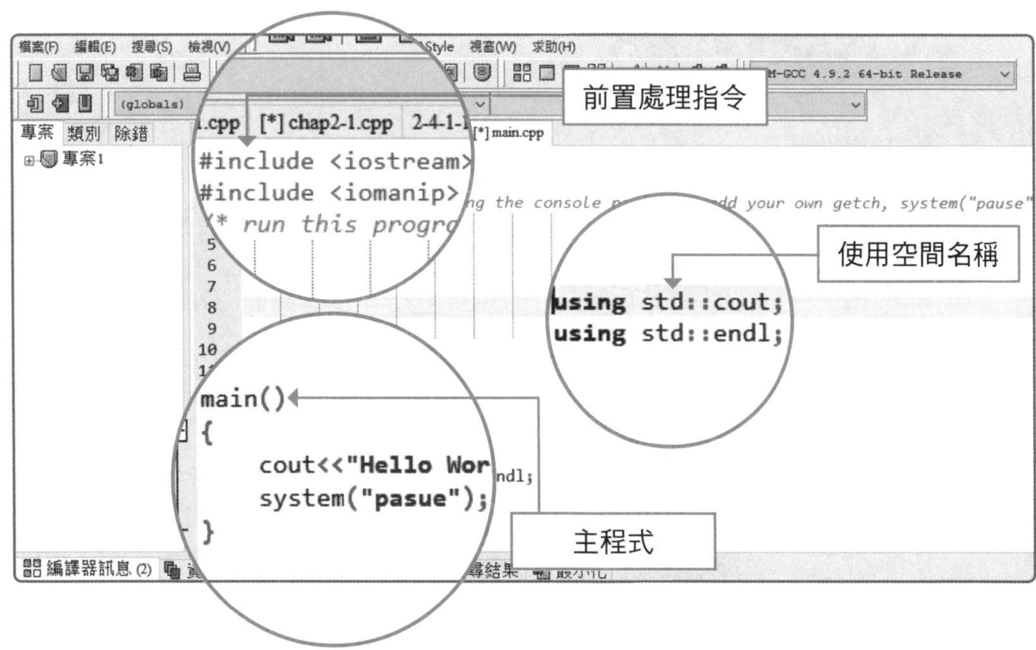

(一) **前置處理指令**

「#include」前面的「#」是始於程式的**前置處理器**（preprocessor），其作用是讓Dec-C++的**編譯器**（compiler）能夠根據你的指示來進行編譯程式。

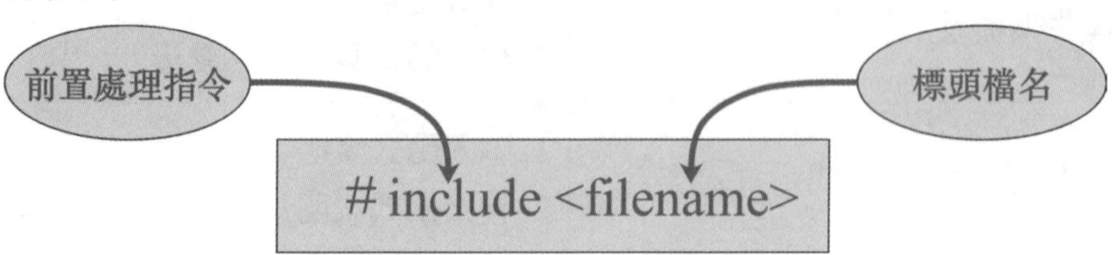

(二) **使用空間名稱**

主程式執行前，需要告訴編譯器，會使用到哪些函式庫，方便編譯器判別。需告空間名稱的優點，是不用同時標示函式名稱跟空間名稱。

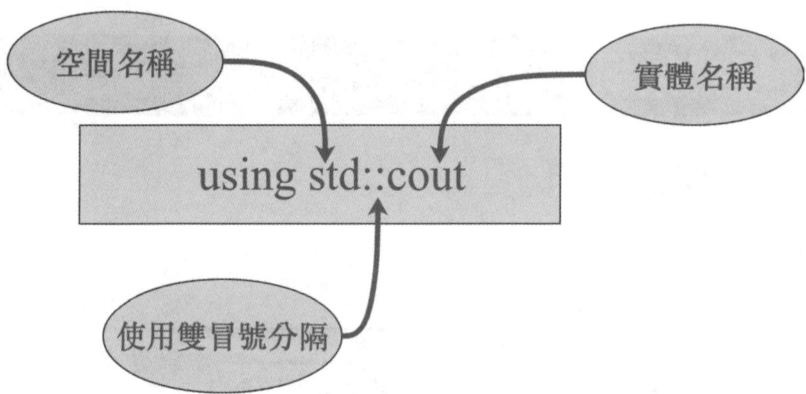

(三) **主程式**

主程式後會以一個大括弧{}來包住所有的程式敘述，且括弧內每一行敘述都必須以分號（;）結尾。

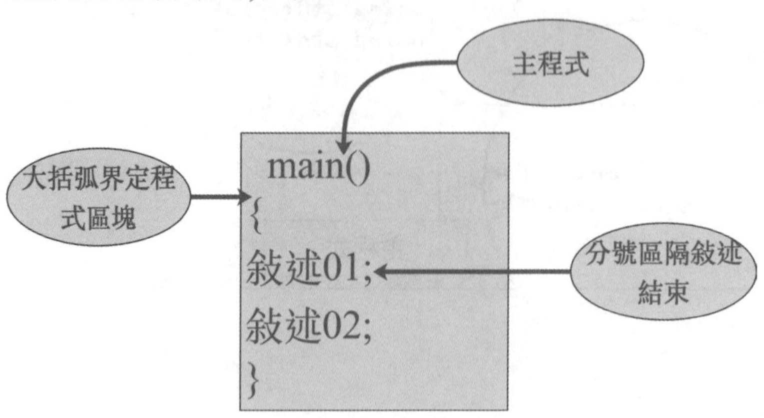

小教室 −□+

常用的標頭檔

標頭檔	說明
<iostream>	定義資料輸入及輸出，例如 std::cout，就是在宣告此空間名稱輸出。 std::cin，就是在宣告此空間名稱輸入。
<stdio>	定義標準輸出入函數，例如：printf、scanf *
<iomanip>	定義了C++標準中的流輸入輸出的有參數的操縱器（manipulator）。
<cmath>	定義常用的數學函式庫。

二、程式的靈魂－－演算法說明

一個程式應該包含對資料的描述以及對操作的描述：其中對資料的描述，就是要指定資料的型態以及資料的組織，也就是資料結構（data structure）；另外對操作的描述，也就是操作步驟，我們可以定義為程式的驗算法（algorithm）。

(一) 數值演算法

經由電腦幫忙計算算式的結果。

題目：計算1*3*5*7*9
Stage1：1→p（即p=1）
Stage2：3→i（即p=p*3）
Stage3：p×i→p（即p=p*i）
Stage4：i+2→p（即i=i+2）
Stage5：若i<=11, 返回Stage3，否則，結束。

(二) 非數值演算法

經由電腦幫忙找出符合條件的結果。

```
題目：計算2020-2050間，是否為閏年
閏年的條件：
1)能被4整除，但不能被100整除的年份；
2)能被100整除，又能被400整除的年份；
設定被檢測的年份，為變數X
Stage1：2020-->X
Stage2：X mod 4 <> 0 -->不是閏年
        -->Stage6
Stage3：X mod 4 = 0 but X mod 100 <> 0
        -->不是閏年
        -->Stage6
Stage4：(1). X mod 100 = 0 and X mod 400 = 0
          -->是閏年
        (2).不符合以上條件
          -->不是閏年
          -->Stage6
Stage5：-->不是閏年
Stage6：X = X + 1
Stage7：若X<=2050 , 返回Stage2，否則，結束。
```

隨堂練習

( ) **1** Dev-C++程式架構不包含哪一個組成？

(A)前置處理指令 (B)主程式

(C)使用空間名稱 (D)前置碼。

( ) **2** 「使用空間名稱」的空間名稱與實體名稱需要用什麼符號隔開？

(A)分號 (B)逗號

(C)雙分號 (D)句號。

答 **1 (D)** **2 (C)**

3-2 基本輸入／輸出函式

一、輸入函式說明

(一) 基本說明C++：

大部分都是使用鍵盤來輸入資料，藉由陣列儲存輸入的資料，以方便程式中需要時取用。以下就「cin」函式說明：

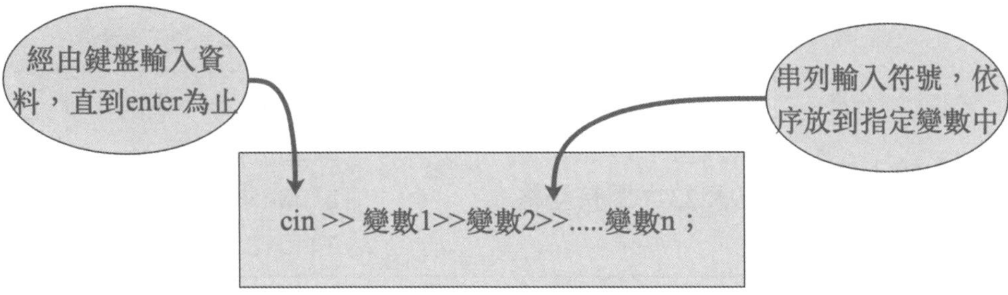

(二) 基本說明C語言：

C語言是使用「scanf」函式，取得使用者的輸入，並搭配格式指定字與 & 取址運算子指定給變數，說明如下：

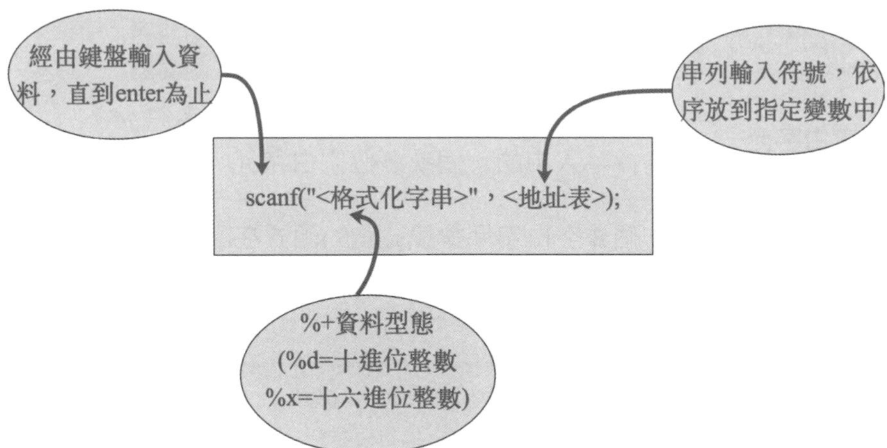

(三) C語言與C++程式語法，對於輸入的比較，說明如下：

	C語言	C++
字元輸出	int number; printf("請輸入數字："); scanf("%d", &number);	int a; cin >> a;

	C語言	C++
輸入結果	輸入值：33 把輸入的值33給整數型態的變數 number	輸入值：11 把輸入的值11給整數型態的變數a
數字輸出	int a, b; scanf ("%d %d" , &a, &b);	char c1, c2; int a; float b; cin>>c1>>c2>>a>>b;
輸入結果	輸入值：19 23 19和23之間有空格	輸入值：a b 34 12.21 a和b之間有空格 b和34之間有空格 34和12.21之間有空格

小教室

C 語言 scanf 補充說明：

格式化字串種類	說明
空白字元	空白字元會使scanf()函式在讀取操作中忽略掉輸入中的一個或多個空白字元。
非空白字元	一個非空白字元會使scanf()函式在讀入時剔除掉與這個非空白字元相同的字元。

二、輸出函式說明

(一) **C++程式語法：**

其輸入函式的資料或是定義的參數，可以藉由「cout」函式輸出。

1. 在用「cout」輸出時，使用者不必通知計算機按何種型別輸出，系統會自動判別輸出資料的型別，使輸出的資料按相應的型別輸出。
2. 在執行「cout」語句時，先把插入的資料順序存放在輸出緩衝區中，直到輸出緩衝區滿或遇到「cout」語句中的「endl」（或'\n'，ends，

flush）為止，此時將緩衝區中已有的資料一起輸出，並清空緩衝區。以下就「cout」函式說明：

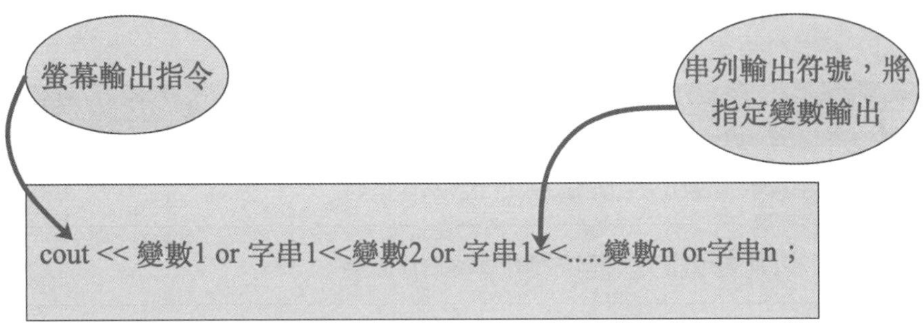

(二) **C語言程式語法，對於輸出是使用「printf」函式，說明如下：**

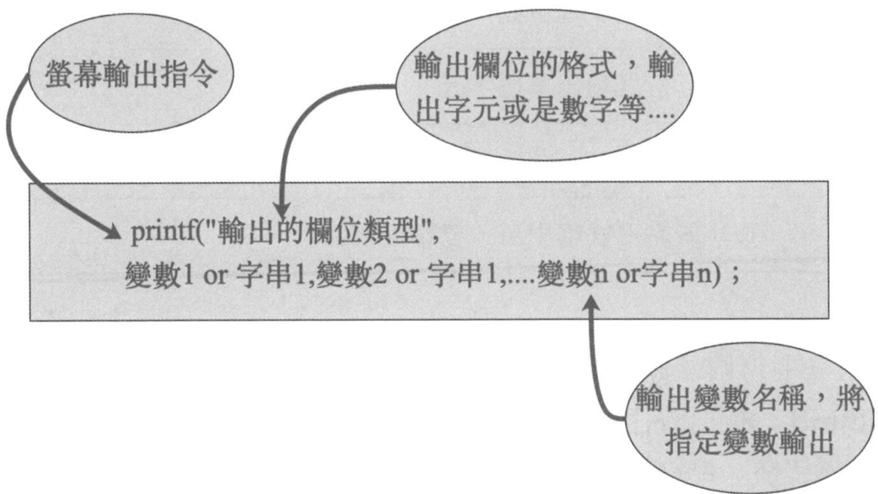

(三) **C語言與C++程式語法，對於輸出的比較，說明如下：**

	C語言	C++
字元輸出	printf ("Hello ! \n");	cout << "Hello !" << endl;
輸出結果	列印Hello，並且換行	列印Hello，並且換行
數字輸出	int a = 2; printf ("He has %d cats.\n", a);	int a = 2; cout <<"He has" << a << "cars." << endl;
輸出結果	列印He has 2 cars.，並且換行	列印He has 2 cars.，並且換行

三、常見的C語言輸出格式說明

因為輸出的資料型態不同，需要使用不同的格式，才能正確的表現需要的資料型態，以下為C語言常見的輸出格式定義：

輸出格式	說明
%d	以帶符號的十進位制形式輸出整數
%o	以無符號的八進位制形式輸出整數
%x	以無符號的十六進位制形式輸出整數
%u	以無符號的十進位制形式輸出整數
%c	以字元形式輸出單個字元
%s	輸出字串
%f	以小數點形式輸出單、雙精度實數

(一) **十進位整數輸出格式**--%[-][0][m][l]d

1. **%d**：表示按照整數資料的實際長度輸出。
2. **%[0]md**：表示以m指定的欄位寬度輸出，如果資料的位數小於m，則左端補以空格；若m前面有0，則左端補以0。
3. **%-md**：以m指定的欄位寬度輸出，左對齊。
4. **%ld**：輸出長整型資料。

範例：

```
printf("請輸入您的數字：");
scanf("%d", &number);
printf("%4d \n",number);
output:
請輸入您的數字：23
  23
```

(二) **字串輸出格式**--%[-][m][.n]s

1. **%s**：直接輸出指定字串。
2. **%ms**：輸出字串佔m位數，右對齊。m小於字串長度時原樣輸出，大於字串長度時不足補空格，下同。
3. **%-ms**：輸出字串佔m位數，左對齊。
4. **%m.ns**：輸出字串前n個字元，佔m位數，右對齊。

   範例：

```
printf("%7s\n%-8s\n%-7.4s\n%4.3s\n%.3s\n",
"Welcome", "Welcome","Welcome","Welcome","Welcome");
output:
Welcome
Welcome
Welc
 Wel
Wel
```

(三) **字元輸出格式**--%[m]c

輸出一個字元，可以是只有一個字元，或是0~255之間的整數。

範例：

```
char x='w';
int y=33;
printf("%c,%d\n",x,x);
printf("%c,%d\n",y,y);
output:
w,119
!,33
```

(四) **浮點數輸出格式**--%[-][0][m][.n][l]f

1. **%f**：整數部分全部輸出，小數部分輸出6位（四捨五入）。0的右邊補足0滿足小數位數，或是左邊補0滿足m位數。
2. **%m.nf**：輸出資料共佔m位數，小數佔n位，右對齊。只有m時，當m大於字串長度則需補足m位數，當m小於字串長度則與%f 同。

3. **%-m.nf**：輸出資料共佔m位數，小數佔n位，左對齊。
4. **%lf**：以雙精度輸出。

範例：

```
float f=3.14159;
printf("%f\n%05.3f\n%-5.3f\n%12f\n%.2f\n",f,f,f,f,f);
output:
3.141590
3.142
3.142
    3.141590
3.14
```

(五) **使用科學記號顯示浮點數輸出格式**--%[-][0][m][.n]e：

科學記號的表示為，例如3.140000e+001

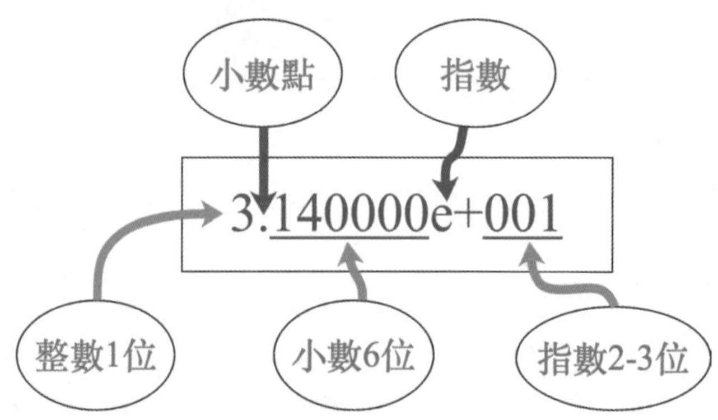

1. **%e**：輸出數據共佔13位，其中整數部分為1位非零數字，小數點佔1位，小數部分為6位，指數部分e佔1位，指數符號佔1位，指數為3位。若輸出數據為負數，還應增加一位整數部分的符號位。
2. **%m.ne**：輸出佔m列，小數位為n項（四捨五入）。m小於輸出寬度時原樣輸出，大於輸出寬度時補足空位
3. -設置左對齊。

範例：

```
float f=0.0123321;
printf("顯示科學記號 %10e\n", f);
output:
顯示科學記號 1.233210e-02
```

(六) **二進制數（包括正負符號）轉換成八進位、十六進位或十進位輸出：格式**--%[-][0][m][l]o or x or u：

1. **%o**：表示輸出無符號八進位制
2. **%x**：表示輸出無符號十六進位制
3. **%u**：表示輸出無符號十進位制

範例：

```
int i=15;
printf("%d\n%o\n%x\n%u\n",i,i,i,i);
output:
15
17
f
15
```

(七) %g**浮點數輸出，取 %f 或 %e（%f 或 %E），看哪個表示比較精簡。**

範例：

```
float i=3.14159;
printf("%f\n%e\n%g\n ",i,i,i);
output:
3.141590
3.141590e+00
3.14159
```

小教室

C語言輸出格式說明：

附加格式說明字符	說明
-	輸出的數字或字符以左對齊，右邊填空格。
0（數字）	輸出的空位用0填充。
m（一個正整數）	輸出數據的字段寬度。如果實際位數多於m，按實際位數輸出；如果實際位數少於m，則補以空格或0。
.n（一個正整數）	對實數，表示輸出n位小數；對字符串，表示截取的字符個數。
l（字母）	輸出長整型整數。

C語言輸出格式特殊字元說明：

字元	說明
\n	換行
\f	清除螢幕資料，並換頁。
\r	回到本行開始處
\t	Tab符號
\xhh	表示一個ASCII碼用16進位表示， 其中hh是1到2個16進位制數。

C++撰寫程式注意事項

項次	注意事項
1	關鍵字必須是小寫。
2	陳述的結尾為分號（;）。
3	字串由兩個雙引號" "含括表示。
4	在C++程式中大小寫視為不同的變數名稱。
5	\n的意思為游標會在下一行的開始處，也就是跳行。

隨堂練習

(　　) **1** 下列哪一項不是輸入/輸出函式？

(A)cin　　(B)include

(C)cout　　(D)printf。

(　　) **2** 下列哪一項不是C++撰寫程式應該注意的事項？

(A)陳述的結尾為句號(。)

(B)字串由兩個雙引號" "含括表示

(C)C++程式中大小寫視為不同的變數名稱

(D)關鍵字必須是小寫。

(　　) **3** 下列哪一項是C語言擷取int number輸入值的正確方式？

(A)scanf("%s", number);　　(B)scanf("%d", &number);

(C)scanf("%d", number);　　(D)scanf("%u", &number);。

(　　) **4** 下列哪一項是C++擷取int a輸入值的正確方式？

(A)cin >> a,　　(B)cin >> a;

(C)cin >> a　　(D)cin >> a>>;。

(　　) **5** 下列哪一項是C++擷取以下輸入值的正確方式？

```
char c1, c2;
int a;
float b;
```

(A)cin>>c1>>c2>>a>>b;　　(B)cin>>c2>>c1>>a>>b;

(C)cin>>a>>b>>c1>>c2;　　(D)cin>>c1,c2>>a>>b;。

(　　) **6** 下列哪一項是C語言輸出值的正確資料？

```
int a = 89;
printf ("His math score is %d \n", a);
```

(A)His math score is 89　　(B)his math score is 89

(C)His math score is 98　　(D)His math score is。

(　　) **7** 下列哪一項是C++輸出值的正確資料？

```
int a = 3;
cout <<"He has " << a << " sisters." <<endl;
```

(A)He has 3　　(B)He has 3 sisters.
(C)He has 3 sisters　　(D)He 3 sisters.。

(　　) **8** 下列哪一項是C語言輸出十進位整數格式？

(A)%d　　(B)%s
(C)%f　　(D)%c。

(　　) **9** 下列哪一項是C語言輸出字串格式？

(A)%d　　(B)%s
(C)%f　　(D)%c。

(　　) **10** 下列哪一項是C語言輸出浮點數格式？

(A)%d　　(B)%s
(C)%f　　(D)%c。

(　　) **11** 下列哪一項是C輸出值的正確資料？

```
int number = 14;
printf("%4d \n",number);
```

(A)14
(B) 14
(C) 14
(D)   14。

(　　) **12** 下列哪一項是C輸出值的正確資料？

```
printf("%-7.4s\n ","Welcome");
```

(A)Welcome　　(B)Welc
(C)Weme　　(D) Wel。

(　　) **13** 下列哪一項是C輸出值的正確資料？

```
char x='a';
printf("%c,%d\n",x,x);
```

(A)A,97　(B)a, 97　(C)a,A　(D)97,a。

(　　) **14** 下列哪一項是C輸出值的正確資料？

```
float f=3.14159;
printf("%-5.3f\n ",f);
```

(A)3.100　(B)3.141　(C)3.14159　(D)3.142。

(　　) **15** 下列哪一項是C輸出值的正確資料？

```
float f=0.0456123;
printf("顯示科學記號 %10e\n", f);
```

(A)0.561230e-01　(B)4.561230e-01　(C)4.561230e-02　(D)4.601230e-01。

(　　) **16** 下列哪一項是C輸出值的正確資料？

```
int i=9;
printf("%o,%x,%u\n",i,i,i);
```

(A)11,9,9　(B)9.9.9　(C)11.9.9　(D)9,9,9。

答
1 (B)　**2** (A)　**3** (B)　**4** (B)　**5** (A)　**6** (A)　**7** (B)　**8** (A)
9 (B)　**10** (C)　**11** (B)　**12** (B)　**13** (B)　**14** (D)　**15** (C)　**16** (A)

3-3 變數和常數宣告與應用

一、變數與常數宣告說明

(一) 變數的命名

1. 變數的命名格式如下：

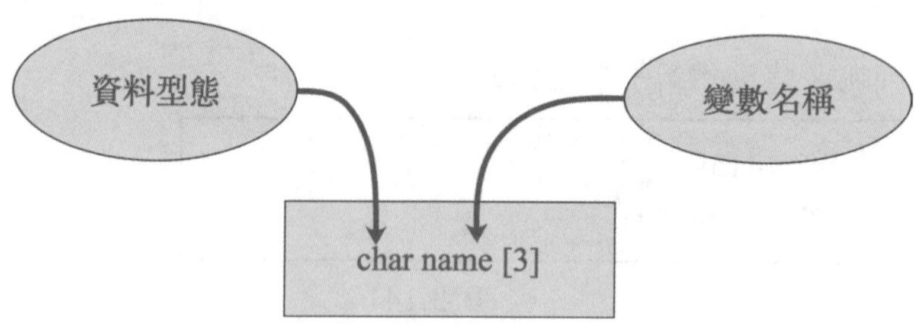

2. **變數的命名規則**說明如下：

1	除了**英文字母（包含大小寫）**、**數字**（0-9）及**底線**（_）外，其餘皆不可以為變數名稱。
2	**數字不可以放在變數名稱的第一個位置**。

另外要注意的是，變數的名稱最好依照功能去命名，比較容易理解，同時要避開系統的變數，也就是**系統的保留字**。以下提供C++系統的保留字，牢記後，可以幫助編寫程式時使用，也可以避免變數命名衝突。

char	short	int	unsigned
long	float	double	struct
union	void	enum	signed
const	volatile	typedef	auto
register	static	extern	break
case	continue	default	do
else	for	goto	if
return	switch	while	sizeof

（資料來源：維基百科-C語言）

(二) 變數的宣告

變數的宣告說明如下：

變數的宣告包含「**資料型態**」、「**變數名稱**」以及**變數的初始值**，每一行宣告，都必須以分號「；」做為區隔。

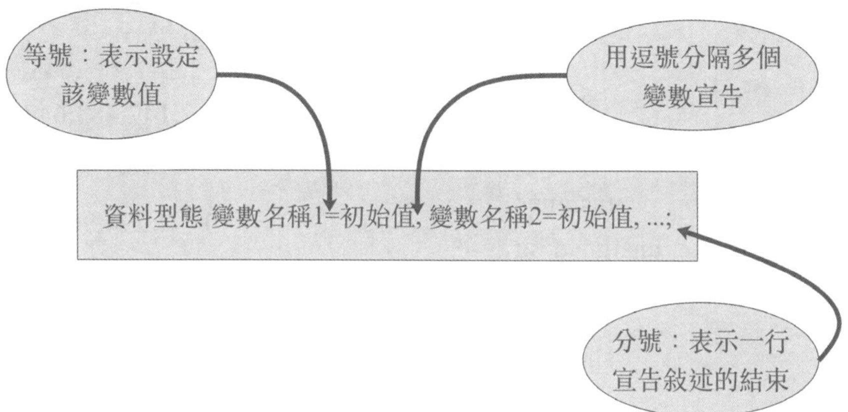

(三) 常數的宣告

常數的宣告說明如下：

常數的宣告與變數最大的不同點，是關鍵字「const」，被宣告為常數的變數，在程式中，是不可以被變更或是重新定義的。常數的宣告除了「const」之外，其餘跟變數一樣也包含「資料型態」、「常數名稱」以及常數的初始值，同樣每一行宣告，都必須以分號「；」做為區隔。格式說明如下：

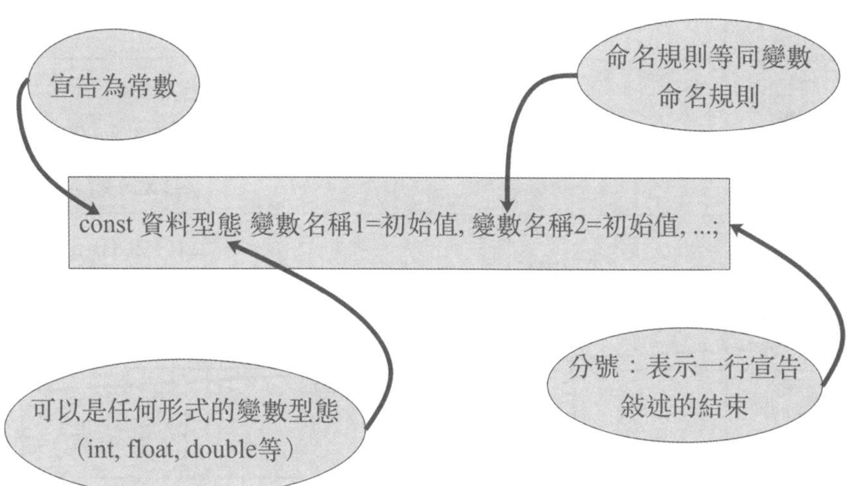

小教室

C++ 資本資料型態 -32 位元

資料型態		位元組數/位元數	數值範圍
整數	int signed signed int	4/32	-2,147,483,648 ~ 2,147,483,647
	unsigned unsigned int	4/32	0 ~ 4,294,967,295
	short short int	2/16	-32,768 ~ 32767
	unsigned short unsigned short int	2/16	0 ~ 65,535
	long*1 long int signed long signed long int	4/32	-2,147,483,648 ~ 2,147,483,647
	unsigned long unsigned long int	4/32	0 ~ 4,294,967,295
單精數（浮點數）	float	4/32	±3.4×10-38~ ±3.4×1038 有效位數7位
倍精數（浮點數）	double long double	8/64	±1.7×10-308~ ±1.7×10308 有效位數15位
字元	char	1/8	0 ~ 255 （ASCII碼）

（資料來源：http://yes.nctu.edu.tw/vc/ref/basicdatatype.htm）

C++ –32 位元跟 64 位元補充

對 32 位元的作業系統而言，long 修飾詞對 int 而言沒有效用，對 64 位元的作業系統而言，指標長度為 8Byte，且 long 也為 8Byte 有效數到 –9223372036854775808~9223372036854775807，unsigned long 為 0~18446744073709551615。

二、變數與常數應用

指標（pointer）的應用：

指標是C語言中重要的功能，程式中可以透過指標將記憶體映射的方式直接控制硬體，這也是為什麼C語言在硬體系統特別強大的原因，包括資料結構（陣列／字串／鏈結串列）、系統程式（編譯器／作業系統）、演算法，都會使用到此功能。

(一) 變數的指標的說明如下：

指標就是指**資料儲存的位址**。簡易圖示如下：

1. 跟記憶體要一個空間：「int n = 10」
   記憶體中一個格子的大小是1個byte，而一個int（整數型）的大小就占了4個byte
2. 把n的記憶體位址給指標p：「int *p = &n」
3. 印出指標p得位址跟其值：
   「printf("指標p儲存的值：%p\n", p);
   printf("取出p儲存位址處之值：%d\n", *p);」

```
#include <stdio.h>
#include <stdlib.h>
#include <stdbool.h>

int main(void)
{
    int n = 10;
    int *p = &n;
    printf("指標 p 儲存的值 : %p\n",p);
    printf("指標 p 儲存位址處的值 : %d\n",*p);
    return 0;
}
```

```
指標 p 儲存的值 : 0x7ffeec837708
指標 p 儲存位址處的值 : 10
```

(二) **常數的指標的說明如下：**

還記得上一章節介紹常數時的定義嗎？「被宣告為常數的變數，在程式中，是不可以被變更或是重新定義的」。

1. 如果不想該位址被改變，可以使用const宣告指標：「const int *p = &n;」。
2. 指標常數，也就是一旦指定給指標值，就不能指定新的記憶體位址值給它：「const int* const p = &x;」。

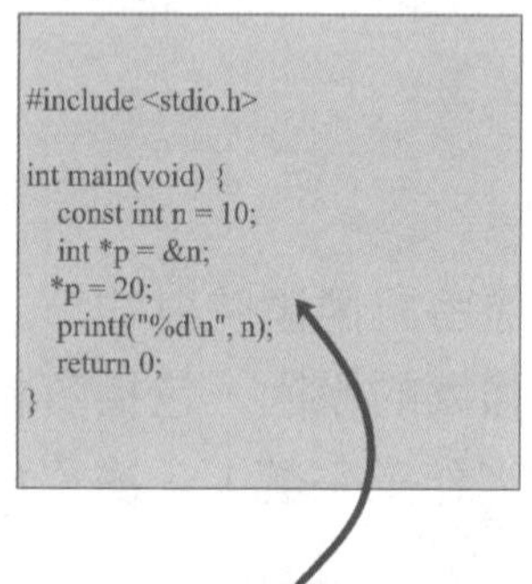

```
#include <stdio.h>

int main(void) {
   const int n = 10;
   int *p = &n;
   *p = 20;
   printf("%d\n", n);
   return 0;
}
```

如果不想該位址的值被改變，可以用 const 宣告指標
// warning: initialization discards 'const' qualifier from pointer target type

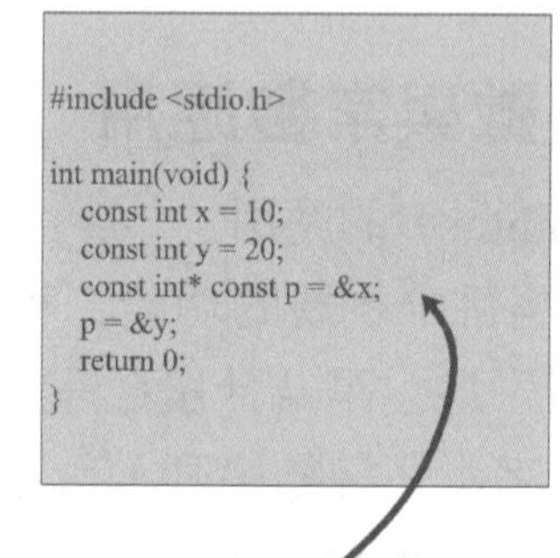

```
#include <stdio.h>

int main(void) {
   const int x = 10;
   const int y = 20;
   const int* const p = &x;
   p = &y;
   return 0;
}
```

指標常數，也就是一旦指定給指標值，就不能指定新的記憶體位址值給它
// error, assignment of read-only variable `p'

隨堂練習

( ) **1** 以下關於資料型態的位元組數/位元數，何者不正確？
(A)int 4/32　(B)char 2/16
(C)short 2/16　(D)float 4/23。

( ) **2** 下列何種觀念敘述不正確？
(A)指標就是指資料儲存的位址
(B)「const」是宣告常數的關鍵字
(C)程式每一行宣告，都必須以分號「；」做為區隔
(D)「$」是程式的前置處理器的前置符號。

答 **1 (B)　2 (D)**

考前實戰演練

( ) **1** 編譯器在編譯程式的過程中會產生符號表（symbol table），表中不會包含下列何種資訊？
(A)程式宣告的變數名稱
(B)程式宣告的函數名稱
(C)程式宣告的函數的參數名稱
(D)程式所使用的保留字（或稱關鍵字）。

( ) **2** 下列C語言，何者不是宣告一個指標變數？
(A)int p; (B)int *p;
(C)int **p; (D)int ***p;。

( ) **3** 在 C 語言程式中需宣告一個變數儲存數值 100 時，此變數不可宣告為下列何者？
(A)int (B)double
(C)char (D)float。

( ) **4** 一C語言程式片段如下，

```
#include<stdio.h>
main() {
int x=1,y=2;
int*ip;
ip=&x;
y=*ip; printf("y=%d\n",y); }
```

當該程式片段執行後，變數y之值為下列何者？
(A)0 (B)1
(C)2 (D)3。

( ) **5** 有一應用程式需要以一個變數來表示一年365(或366)天中的一天，請問此變數至少需要多少位元組？
(A)1 (B)2
(C)8 (D)9。

Unit 4 資料型態

章節名稱	重點提示
4-1 資料型態	1. 資料型態概述 2. 資料型態種類說明
4-2 資料型態轉換	1. 資料型態轉換的優先順序概述 2. 資料型態轉換範例說明
4-3 資料型態應用實例	記憶體使用說明

4-1 資料型態

一、資料型態概述

C語言的資料型態大致分為五類，我們針對最常使用的整理如下表：

型態	中文名稱	英文名稱	資料範例
int	整數	integer	11、-9、123 ...
float	浮點數（小數）	floating point	3.14159、3.3、-2.1 ...
char	字元（半形字）	character	'A'、'd'、'3'、'%'、'*' ...
string	字串	String	"Hello"、"^_^"、"Good Day" ...
bool	布林（是非）	boolean	true、false

二、資料型態種類說明

整數（int）	C++程式可以使用的整數，有signed跟unsigned的short、int及long等六種型態，可容納的大小各不相同，其位元數說明在上一章節有補充過，請參考。 但是要特別注意的是，位於64位元的電腦，其指標資料型態的含量通常是8（bytes）。64位元編譯程式有的long為兩個word，型態的長度越長，表示可表示的整數值範圍越大。
浮點數（float）	此資料型態用來表示小數值，可以區分為float、double與long double，預設值為double；若要特別強調使用float，則須於數值後面是英文字母F或是f，例如：3.1415926F；若要特別強調使用long double，則需要在數值後面加上L或是l，例如：3.1415926L。
字元（char）	此資料型態用來儲存字元，長度為1個位元組（8 bytes），其字元編碼主要依ASCII表而來，由於字元在記憶體中所佔有的空間較小，所以它也可以用來儲存較小範圍的整數。
字串（string）	字串對C語言來說，其實就是字元資料型態的陣列，最常用於儲存較多的文字，例如：一維陣列A [ ] = {Hello! Every one}。
布林（bool）	布林型態，其實就是判斷一個程式的敘述，是否正確，如果是正確，就回傳true（或是=1），如果不正確，就回傳false（或是=0）值。

三、資料型態種類延伸說明

(一) 短整數（short）

此型態可以減少記憶體的使用空間，正常整數（int）需要4bytes的記憶體空間；短整數（short）只需要2 bytes的記憶體空間，但是其可以使用的數字區間限制在（-32786~+32677）之間。使用上要特別注意。

(二) 長整數（long）

此型態的資料使用的數字區間跟整數一樣，介於（-2,147,483,648 ~ 2,147,483,647）之間；在32位元的編譯器環境下，其長度跟整數（int）一樣，需要4 bytes記憶體空間，但是如果是64位元的編譯器環境下，就需要8 bytes的記憶體空間，是使用上需要特別注意的。

(三) 無號（unsigned）

此型態的資料可以是無號整數（unsigned int）、無號字元（unsigned char）、無號短整數（unsigned short）以及無號長整數（unsigned long），使用此資料型態，使用範圍的起始值都會是0。

C語言程式列印資料的大小：

1、列出常用數值資料型態的大小：

```
#include <stdio.h>
#include <stdlib.h>

int main(void) {
    printf("型態\t\t大小 (bytes) \n");
    printf("long double\t%lu\n", sizeof(long double));
    printf("double\t\t%lu\n", sizeof(double));
    printf("float\t\t%lu\n", sizeof(float));
    printf("long\t\t%lu\n", sizeof(long));
    printf("int\t\t%lu\n", sizeof(int));
    printf("char\t\t%lu\n", sizeof(char));

    return 0;
}
```

```
型態            大小（bytes）
long double     16
double          8
float           4
long            4
int             4
char            1

--------------------------------
Process exited after 0.104 seconds with return value 0
請按任意鍵繼續 . . .
```

2. 列出常用非數值資料型態的大小：

```
#include <stdio.h>
#include <stdbool.h>

int main(void) {
    printf("sizeof(bool)\t%d\n", sizeof(bool));
    printf("sizeof(true)\t%d\n",  sizeof(true));
    printf("sizeof(false)\t%d\n",  sizeof(false));

    printf("true\t%d\n", true);
    printf("false\t%d\n", false);

    return 0;
}
```

```
sizeof(bool)    1
sizeof(true)    1
sizeof(false)   1
true    1
false   0

--------------------------------
Process exited after 0.1827 seconds with return value 0
請按任意鍵繼續 . . .
```

隨堂練習

( ) **1** 下列何種選項，不是資料型態的種類？
(A)浮點數（float） (B)整數（int）
(C)字串（char） (D)小數點。

( ) **2** 下列何種資料型態，佔用的記憶體最大？
(A)浮點數（float） (B)整數（int）
(C)字串（char） (D)倍精確浮點數（double）。

( ) **3** 下列何種資料型態，可以輸入的正整數的值最大？
(A)浮點數（float） (B)整數（int）
(C)字串（char） (D)倍精確浮點數（double）。

( ) **4** 123.23屬於下列何種資料型態？
(A)浮點數（float） (B)整數（int）
(C)字串（char） (D)短整數（short）。

( ) **5** 123.23不能使用下列何種資料型態？
(A)浮點數（float）
(B)整數（int）
(C)無號長整數（unsigned long）
(D)倍精確浮點數（double）。

( ) **6** 3.1415926L是屬於下列何種資料型態？
(A)浮點數（float） (B)整數（int）
(C)字串（char） (D)倍精確浮點數（double）。

( ) **7** 非數值型態「bool」所佔用的記憶體大小為多少bytes？
(A)1 (B)2 (C)4 (D)8。

( ) **8** 非數值型態「true」所佔用的記憶體大小為多少bytes？
(A)2 (B)4 (C)8 (D)1。

答 1 (D) 2 (D) 3 (B) 4 (A) 5 (B) 6 (A) 7 (A) 8 (D)

4-2 資料型態轉換

一、資料型態轉換優先順序概述

不同資料型態間需要做運算時，編譯器會先幫資料轉換成同一型態，再做相關運算。**轉換的優先順序**說明如下：

資料型態	優先順序（運算元） （1表示最高、運算元較大）
long double	1
double	2
float	3
long	4
int	5
char	6

二、資料型態轉換範例說明

C++進行運算時，若運算元型態不同，則要將型態都提升和較大運算元相同才可進行運算，若將型態較大的值指派給型態較小的變數，則編譯器會自動進行截斷。

例如：

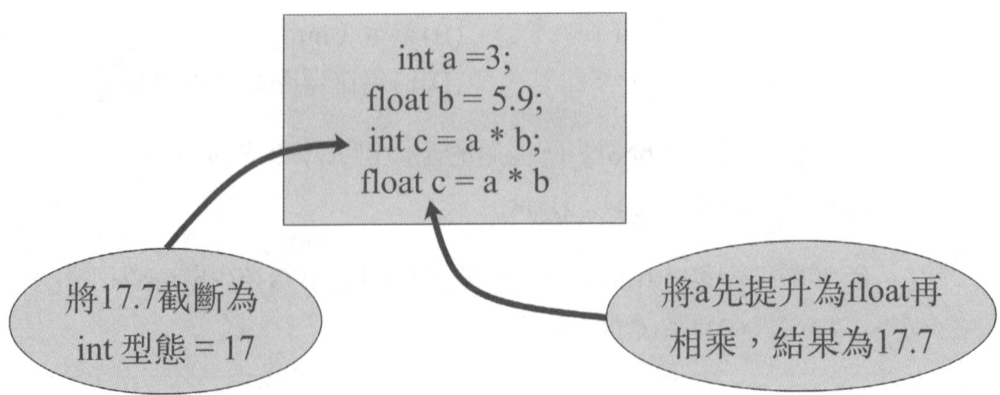

(一) 隱藏轉型運算

1. 將浮點數數值指派給整數，小數部分會被無條件去除：

```
float a = 13.5;
int b = a;
//b = 13
```

2. 浮點數和整數相加，切換成較大運算元型態後，再相加：

```
float a = 13.5;
int b = 4;
a = a + b;
//a = 13.5 + 4.0 = 17.5
```

3. 傳遞和函式宣告的型態不同時，轉換成跟函式相同的型態：

```
float a = 13.5;
func1(a);
void func1(int num) {}
//func1(13)
```

(二) 強迫轉型

1. 將浮點數強制轉型為整數：

```
float a = 13.5;
int b = (int) a;
//b =13
```

2. 另一種將浮點數強制轉型為整數：

```
float a = 13.5;
int b = int (a);
//b =13
```

3. 資料型態轉換－－將浮點數強制轉型為整數：

```
float a = 13.5;
int b = static_cast<int> (a);
//b =13
```

隨堂練習

( ) **1** 下列哪一種運算元優先順序最先？

(A)char (B)int

(C)folat (D)long double。

( ) **2** 下列運算程式中，b的值應該為多少？

```
float a = 13.5;
int b = int (a);
```

(A)13.5 (B)13.50

(C)13 (D)13.00。

( ) **3** 下列運算程式中，b的值，應該會以何種型態運算？

```
float a = 13.5;
int b = 4;
a = a + b;
```

(A)4.0 (B)14

(C)4.00 (D)40。

答 **1** (D) **2** (C) **3** (A)

4-3 資料型態應用實例

一、記憶體的使用說明

了解了資料型態的轉換及使用優先順序後，程式的記憶體配置，攸關此系統運作的效能，如果能夠清楚，C++語言記憶體的配置及用法，就可以將程式的效能運用到最合適的地步。圖示說明如下：

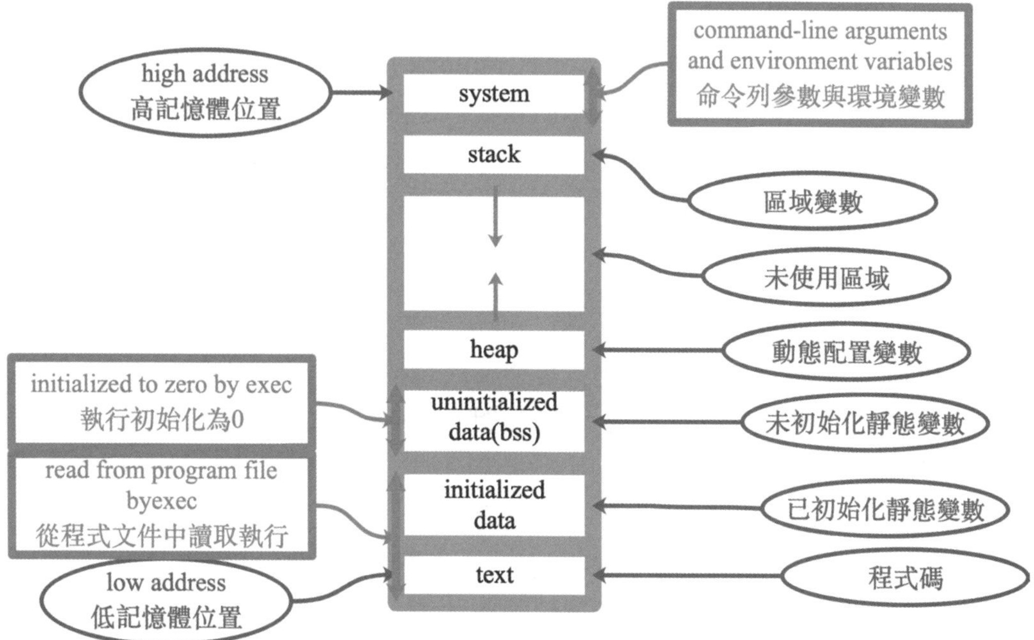

（資料來源：
1. https://blog.gtwang.org/programming/memory-layout-of-c-program/
2. https://www.geeksforgeeks.org/memory-layout-of-c-program/）

(一) 程式碼（Text Segment）

文字區段，又稱為程式區段，是物件或是記憶體中可以執行指令的部份元素。這個區段通常位於heap或stack之後，避免因heap或stack溢位而覆寫；此區段的文字是可以共用的，可以給文字編輯器或是C++編譯器共用，通常只需在記憶體中保留一份就可以資源共享。另外，他是唯讀的，主要是避免錯誤的指令，造成其被修改。

(二) 初始化資料（Initialized Data）

初始化資料，又稱為資料區段，是程式虛擬記憶體的一部分，通常存在初始化後的全域變數（global variables）以及靜態變數（static variables）；這個區段的變數又可分為唯讀區域（read-only area）以及可讀寫區域（read-write area），可讀寫區域用於存放一般變數，其資料會隨著程式的執行而改變，而唯讀區域則是存放固定的常數。

(三) 未初始化資料（Uninitialized Data）

未初始化資料區段（uninitialized data segment）又稱為bss區段（這個名稱的起源來自於古老的組譯器，代表block started by symbol）。此部分開始於初始化資料（Initialized Data）的結尾，包含了已初始化以及原始碼中未被初始化的全域變數（global variables）以及靜態變數（static variables）。

(四) 堆疊（Stack）

堆疊區段（stack segment），是一種後進先出的架構（Last In, First Out, LIFO），位於高記憶體位址，堆疊區段一般的狀況會從高記憶體位址往低記憶體位址成長，而 heap 剛好從對面以相反的方向成長。

堆疊區段（stack segment）用於儲存函數的區域變數，以及各種函數呼叫時需要儲存的資訊（例如函數返回的記憶體位址還有呼叫者函數的狀態等），每一次的函數呼叫就會在堆疊區段建立一個堆疊框（stack frame），儲存該次呼叫的所有變數與狀態，這樣一來同一個函數重複被呼叫時就會有不同的堆疊框（stack frame），不會互相干擾，遞迴函數就是透過這樣的機制來執行的。

(五) 堆（Heap）

用於儲存動態記憶體的變數區段，此部分開始於未初始化資料區段（uninitialized data segment）的結尾，例如C語言的malloc、readloc以及C++的new所建立的變數都是儲存於此。

二、傳值(Call by values)、傳址(Call by address)、傳參考(Call by reference)

(一) 傳值（Call by Values）

顧名思義是把值傳到另一個記憶體位置的值上。

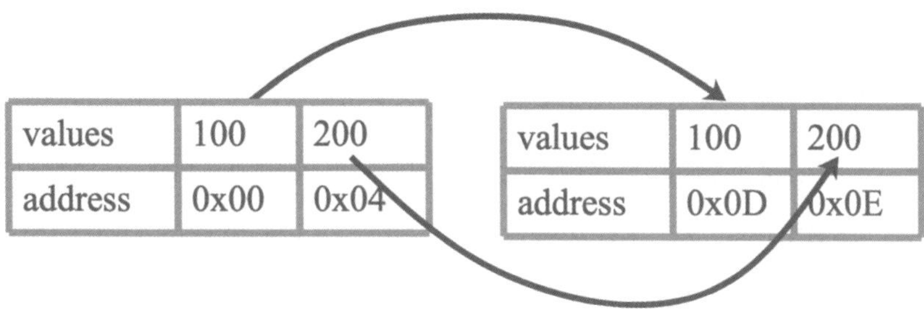

(二) 傳址（Call by Address）

是把「記憶體位置」傳到另一個「記憶體位置」的「值」上。

補充：嚴格來說（Call By Address）是不正統的說法，其實傳址也是傳值但傳的是「記憶體位置」。

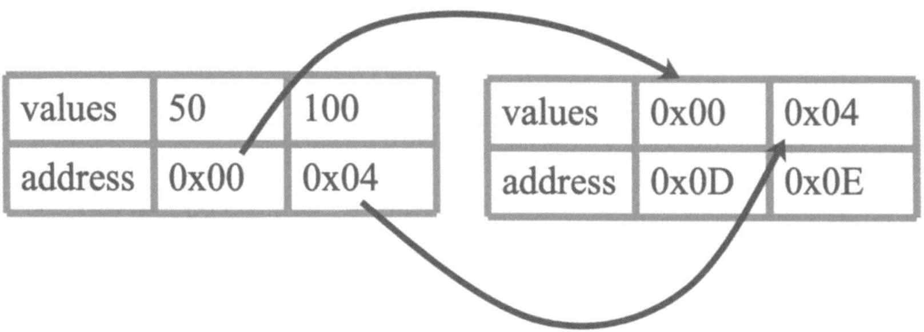

(三) 傳參考（Call by Reference）

是把記憶體位置傳到移到另一個記憶體位置上（可看作同一個物件）。

C#中並沒傳參考。

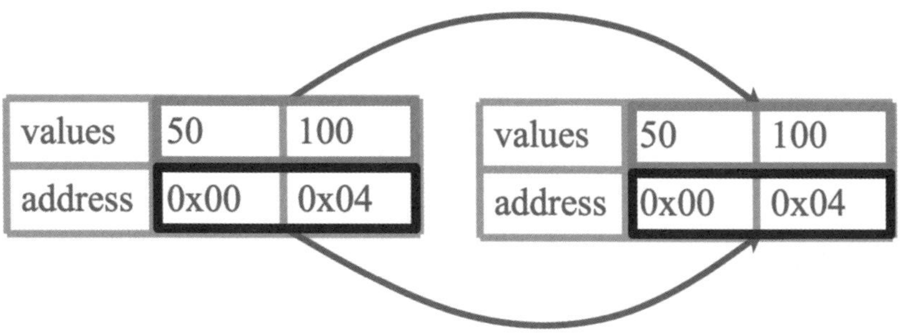

隨堂練習

(　　) **1** C++語言記憶體的配置及用法，下列何者敘述錯誤？

(A)文字區段，又稱為程式區段

(B)初始化資料，又稱為資料區段，是程式虛擬記憶體的一部分

(C)未初始化資料區段又稱為bss區段

(D)bss區段代表（block started by system）。

(　　) **2** C++語言記憶體的配置及用法，下列何者敘述正確？

(A)堆疊區段，是一種後進先出的架構（Last In, First Out, LIFO）

(B)堆疊區段，是一種先進先出的架構（First In, First Out, FIFO）

(C)堆（Heap），是用於儲存靜態記憶體的變數區段

(D)文字區段的資料，不可以共享。

(　　) **3** 下列何種是C++語言中，特殊的運作方式？

(A)傳值（Call by values）

(B)傳址（Call by address）

(C)傳參考（Call by reference）

(D)傳意（Call by meaning）

答 **1** (D)　**2** (A)　**3** (C)

考前實戰演練

(　　) 1 下列哪一項資料型態，是用來處理一序列具有相同型態的資料？
(A)字元（char）　(B)陣列（array）
(C)結構（structure）　(D)指標（pointer）。

(　　) 2 下列C語言函式正規參數（formal parameter）的資料型態，何者使用傳值（call by value）方式？
(A)int　(B)int []
(C)int *　(D)int **。

(　　) 3 在副程式呼叫中，以址傳遞（Call by Address）實際上是以下列何者作為傳遞的參數？
(A)值　(B)位址
(C)名稱　(D)計算結果。

(　　) 4 下列對於堆疊（Stack）的特性描述，何者有誤？
(A)一種先進先出（FIFO）的資料結構
(B)堆疊中的資料有次序性
(C)對於堆疊中資料的處置動作，都只發生在堆疊的頂端
(D)電腦系統中處理函式呼叫（Function call）時，以堆疊記下程式的位址及傳遞參數。

Unit 5 運算式及運算子

章節名稱	重點提示
5-1 運算式	1. 運算式的定義 2. JavaScript應用
5-2 運算子	1. 運算子的定義 2. 運算子的種類 3. 運算子的優先順序
5-3 運算式與運算子應用實例	從題目中熟悉運算式的解讀方法

5-1 運算式

一、什麼是運算式（Expression）

運算式是任何一段可以取得一個值的程式碼。

運算式（expression）係由一個或多個**運算元**（operands）及**運算子**（operators）構成。

二、運算式的組成元素

(一) **運算式**：expression。

(二) **運算元**：operand，如變數sum，或常數6等。

(三) **運算子**：operator，如「+」、「-」、「*」與「/」等符號。

「圖示顯示運算式的相關組成」。

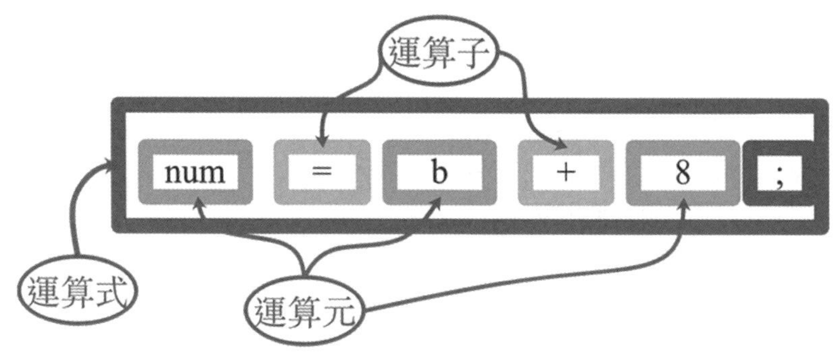

程式敘述句

三、常用JavaScript介紹

(一) JavaScript運算是有下列幾種種類：

1. **算術**：解析出數字，例如 3.14159。
2. **字串**：解析出字串，例如 "Floyd" or "258"。
3. **邏輯**：解析出 True 或 False。
4. **主流運算式**：JavaScript 基本的關鍵字及運算式。
5. **左側運算式**：左側是指定值的對象。

(二) JavaScript基本的關鍵字及運算式（主流運算式）：

1. **this關鍵字**：

   能取得當前所在物件。一般而言，this能取得呼叫處所在的物件。你可以使用點或是中括號來取用該物件中的特性：

   例如：

   this['特性名稱']

   this.特性名稱

2. **分類**：

   (1) 物件.函式(); //函式內的this指向該物件。

   (2) 函式(); //函式內的this指向全域物件。

(三) 左側是指定值的對象（左側運算式）：

1. new**關鍵字**：

   你可以使用new來建立一個使用者自定義物件或內建物件的實例。

   用法如下：

```
var 物件名稱 = new 物件型態([參數1,參數2, .., 參數N])；
```

2. super**關鍵字**：

   用於呼叫物件的父物件中的函式。在使用類別來呼叫父類別的建構子時很實用，例如：

```
super([參數])；// 呼叫父物件的建構子
super.父物件的函式([參數])；
```

隨堂練習

( ) **1** 運算式的英文為？

(A)operand (B)operator

(C)expand (D)expression。

( ) **2** 運算式的組成為？

(A)operand＋expression (B)operator＋experience

(C)operators + operands (D)expression + operands。

答 **1** (D) **2** (C)

5-2 運算子

一、什麼是運算子（operator）

計算機程式是由一連串的指令（Instruction）所組成。經由邏輯化的指令安排來完成既定的功能目標，而構成指令的兩大要素即為運算元（Operand）和運算子（Operator）。所謂運算元簡單地說就是指執行某一特定運算功能之數值代碼，而代表特定運算功能的符號即稱為運算子。例如：X=Y+5，此一指令之意義為將「Y」代表的數值加上「5」之後儲存於變數「X」中，其中「Y」與「5」之間做了一次加法運算，而「Y」與「5」即稱為運算元，「+」即為運算子。

二、依照所需運算元數目的運算子的種類

(一) 一元運算子（Unary Operator）

只有一個運算元的運算子，我們稱之為一元運算子。

1. 遞增一元運算子：x++、++y。
2. 遞減一元運算子：y--。
3. 否定一元運算子：!x。
4. 取址一元運算子：&x。

(二) 二元運算子（Binary Operator）

有兩個運算元的運算子，我們稱之為二元運算子。

例如：x+y、x*y、x-y、x/y…等等。

(三) 三元運算子（Ternary Operator）

三元運算符其實就是 if … else 的簡單寫法。

1. **If else寫法：**

```
function FindBigOne (a, b) {
   if(a > b) {
      return "a is bigger";
   }
   else {
      return "b is bigger";
   }
}
```

2. **三元運算子寫法：**

```
function FindBigOne (a, b)
{
return a > b ?
"a is greater" : "b is greater";
}
```

三、依照所需運算子性質的運算子的種類

(一) 指派運算子（Assignment Operator）

指派運算子的符號為（＝），其作用將等號右邊計算結果儲存到等號左邊。

例如(1)：

```
score=90；
將90儲存入變數score。
```

例如(2)：

```
A＝B；
將B儲存入A。
```

(二) 算術運算子（Arithmetic Operators）

用來執行一般的數學運算，包含取正負值（+/-）、加（+）、減（-）、乘（*）、除（/）、取餘數（%）、遞增（++）及遞減（--）等。

1. 以下是C語言的算術運算子範例說明：

運算子	範例說明	範例說明
+/-	說明：相加 範例：A=2+1; 結果：A=3	說明：相減 範例：A=2-1; 結果：A=1
++,--	int A=5; A++; 結果：A=6	int A=5; A--; 結果：A=4
*	範例：A=3*5; 結果：A=15	
/	說明：相除 範例：A=9/2; 結果：A=4	
%	說明：求餘數 範例：A=5%3; 結果：A=1	

2. 以下是算術運算子列表：

運算子	定義	優先順序	結合律
++,--	後置遞增／遞減	1	由左至右
++/--	前置遞增／遞減	2	由右至左
+/-	加法／減法運算	4	由左至右

運算子	定義	優先順序	結合律
*	乘法運算	3	由左至右
/	除法運算	3	由左至右
%	求餘數	3	由左至右
+/-	正負號，一元運算子	2	由右至左

(三) **複合指定運算子（Shorthand Assignment Operator）**

若程式中需要先進行計算後，才能給變數結果，我們就會使用複合指定運算子。

1. 範例說明如下：

```
A = A +3;
A += A;
```

2. 複合指定運算子常用C語言列表如下：

運算子	定義	範例	結果
=	指定	a = 5	a 的值為5
+=	相加後指定	a +=3	a 的值變為8
-=	相減後指定	a -=3	a 的值變為2
*=	相乘後指定	a *=3	a 的值變為15
/=	相除後指定	a /=3	a 的值變為1
%=	求餘數後指定	a %=3	a 的值變為2

(四) **遞增／遞減運算子（Increment/Decrement Operator）**

增／遞減運算子屬於一元運算子，用來針對指定的變數值進行加1或是減1的運算。運算子如果位於變數前面，我們稱之為**「前置式」**，會先遞增或是遞減後，再給與變數值。例如：++a或是--a；運算子如果位於變數後面，我們稱之為**「後置式」**，會先給與變數值，再進行遞增或是遞減的運算。例如：a++或是a--。範例說明如下：

遞增／遞減運算式	拆解分析	結果 假如b初始值為6
a =++b;	b = b + 1; a = b;	a = 7, b= 7
a = b ++;	a = b b = b + 1;	a = 6, b= 7
a =--b;	b = b - 1; a = b;	a = 5, b= 5
a = b --;	a = b b = b - 1;	a = 6, b= 5

(五) 關係運算子（Rational operator）

關係運算子又稱為比較（Comparison）運算子，是屬於二元運算子，用於資料之間的大小比較，比較的結果可得到int形態的1（true）或0（false）。

1. 以下是關係運算子範例說明：

運算子	範例說明
==	判斷是否等於，若是回傳true，否則回傳false 範例：3==1，計算結果為false，回傳0。
!=	判斷是否不等於，若是回傳true，否則回傳false 範例：3!=1，計算結果為true，回傳1。
<	判斷是否小於，若是回傳true，否則回傳false 範例：5<1，計算結果為false，回傳0。
>	判斷是否大於，若是回傳true，否則回傳false 範例：5>1，計算結果為true，回傳1。
<=	判斷是否小於等於，若是回傳true，否則回傳false 範例：5<=1，計算結果為false，回傳0。
>=	判斷是否大於等於，若是回傳true，否則回傳false 範例：5>=1，計算結果為true，回傳1。

2. 以下是關係運算子列表：

運算子	定義	優先順序	結合律
==	等於	7	由左至右
!=	不等於	7	由左至右
<	小於	6	由左至右
>	大於	6	由左至右
<=	小於等於	6	由左至右
>=	大於等於	6	由左至右

(六) **邏輯運算子（Logical operators）**

邏輯運算子是屬於二元運算子，當一個運算式要同時存在兩個以上的關係運算子時，每兩個關係運算子之間必須使用邏輯運算子連結。

1. 以下是邏輯運算子範例說明：

X && Y	Y=True	Y=False
X=True	True	False
X=False	False	False
X || Y	Y=True	Y=False
X=True	True	True
X=False	True	False
	!X	
X=True	False	
X=False	True	

2. 以下是邏輯運算子列表：

運算子	定義	優先順序	結合律
!	邏輯否定運算	2	由右至左
&&	邏輯and運算	11	由左至右
||	邏輯or運算	12	由左至右

四、運算子的優先順序（Precedence）

同一敘述，若同時含有多個運算子，此時急需要定義運算子的優先順序。在數學裡，我們定義先乘除後加減，程式語言也是同樣的道理。例如：x=a+b*c

(一) 以下是運算子優先順序整理說明：

優先權	運算子	說明
高	( )	括號
	++、--	遞增、遞減
	!、-	非、取負號 非：邏輯運算子的非（NOT） 取負號：正數變負數、負數變正數
	*、/、%	乘法、除法、求餘數
	+、-	加法、減法
	< <= > >=	判斷是否小於 判斷是否小於等於 判斷是否大於 判斷是否大於等於
	== !=	判斷是否相等 判斷是否不相等
	&&	邏輯運算子的且（AND）
低	||	邏輯運算子的或（OR）

(二) **以下是運算子優先順序範例說明：**

1. 運算子優先範例：「1+8*3/4%3=1」

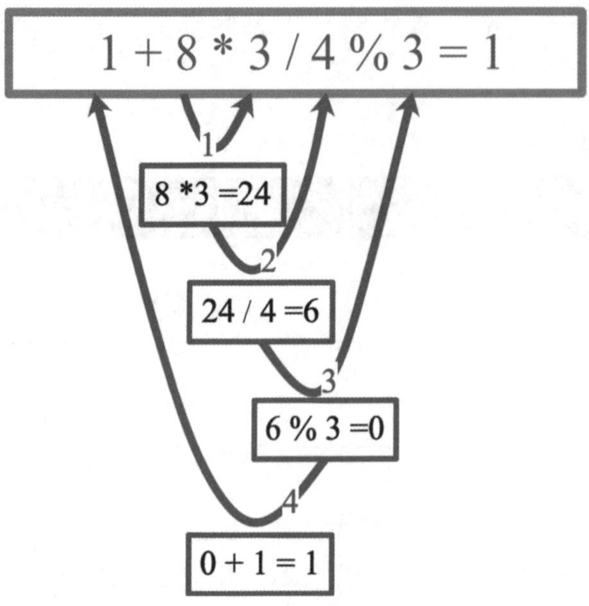

2. 運算子優先範例：「（3!=8*）-2 =1」

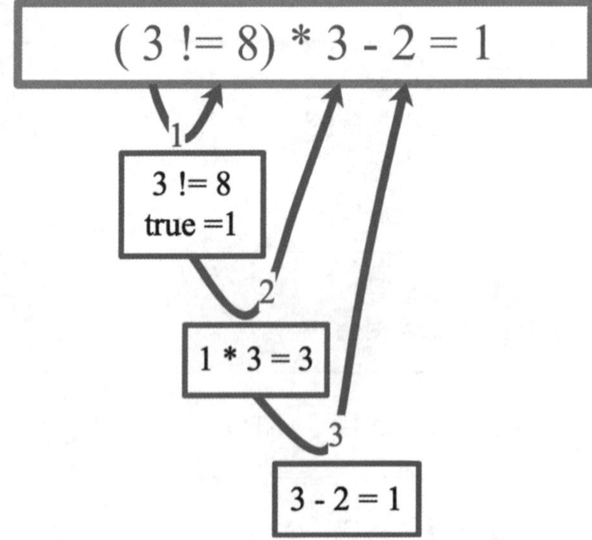

隨堂練習

(　　) **1** 以下哪種運算子屬於算術運算子（Arithmetic operator）？ (A)% (B)> (C)< (D)==。

(　　) **2** 以下哪種運算子屬於邏輯運算子（Logical operator）？ (A)/ (B)++ (C)<= (D)&&。

(　　) **3** 以下哪種運算子屬於複合指定運算子（Shorthand Assignment Operator）？ (A)/ (B)++ (C)!= (D)+=。

(　　) **4** 以下哪種運算子屬於遞增/遞減運算子（Increment/Decrement Operator）？ (A)% (B)++ (C)!= (D)>=。

(　　) **5** 以下哪種運算子屬於關係運算子（Rational operator）？ (A)/ (B)++ (C)!= (D)+=。

(　　) **6** 以下哪個運算式跟x=a*b+c同？ (A)x=a*(b+c) (B)x=(a*b)+c (C)x=a+b*c (D)x=(a+b)*c。

(　　) **7** 以下哪個運算式跟a=a+b同？ (A)a>=b (B)a+=b (C)a++b (D)a--b。

(　　) **8** 求出以下z的值為多少？
(A)6
(B)7
(C)2
(D)1。

```
int x=167;
int y=167/100;
int z=(167-y*100)/10;
```

(　　) **9** 求出以下a的值為多少？
(A)1
(B)2
(C)3
(D)0。

```
a = 2;
a++;
printf("%d\n, a);
```

答 **1** (A) **2** (D) **3** (D) **4** (B) **5** (C) **6** (B) **7** (B) **8** (A) **9** (C)

5-3 運算式與運算子應用實例

一、觀念複習

首先先複習運算式的組成份子，同時要清楚哪些運算子的種類定義及使用方法，最後要清楚跟數學算式一樣，搞清楚運算子的優先順序，才能算出正確的答案。

(一) 運算式組成

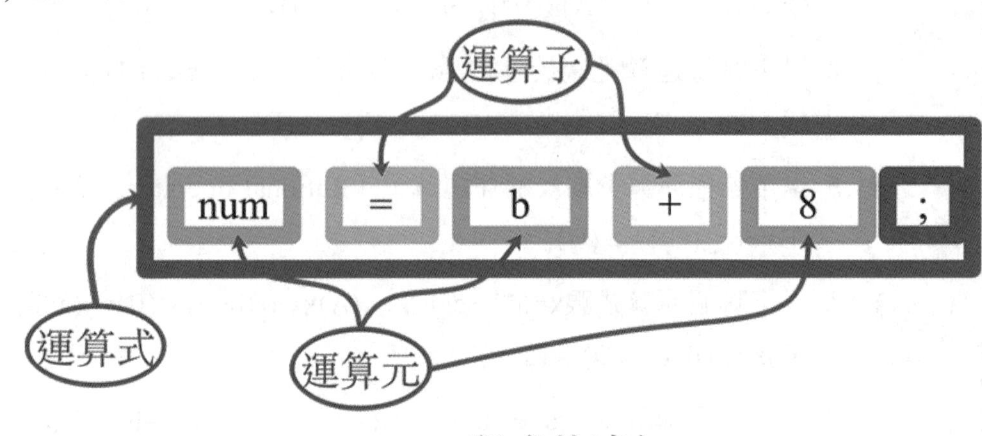

(二) 運算子種類

1. 指派運算子（Assignment Operator）
2. 算術運算子（Arithmetic Operator）
3. 複合指定運算子（Shorthand Assignment Operator）
4. 遞增／遞減運算子（Increment/Decrement Operator）
5. 關係運算子（Rational operator）
6. 邏輯運算子（Logical operator）

(三) 運算子優先順序

優先權	運算子	說明
高	( )	括號
	++、--	遞增、遞減
	!、-	非、取負號 非：邏輯運算子的非（NOT） 取負號：正數變負數、負數變正數
	*、/、%	乘法、除法、求餘數
	+、-	加法、減法
	< <= > >=	判斷是否小於 判斷是否小於等於 判斷是否大於 判斷是否大於等於
	== !=	判斷是否相等 判斷是否不相等
	&&	邏輯運算子的且（AND）
低	||	邏輯運算子的或（OR）

二、程式實作範例

(一) 撰寫一程式，顯示攝氏的溫度，以及華氏的溫度

公式換算如右：（華氏溫度＝攝氏溫度*9/5+32）

```
#include <stdio.h>
#include <stdlib.h>

int main(int argc, char *argv[]) {
    float Cel,Fah;
    printf("請輸入攝氏溫度:");
    scanf("%f",&Cel);
    Fah = (Cel*9.0)/5.0 +32.0;
    printf("華氏溫度 %f = 攝氏溫度 %f\n", Fah, Cel);
    return 0;
}
```

```
請輸入攝氏溫度:40
華氏溫度 104.000000 = 攝氏溫度 40.000000
```

(二) 撰寫一程式，計算圓的面積

公式換算如右：（圓面積＝半徑×半徑×3.14）

```
#include <stdio.h>
#include <stdlib.h>

int main(int argc, char *argv[]) {
    float shape,rad;
    printf("請輸入半徑:");
    scanf("%f",&rad);
    shape = rad * rad * 3.14;
    printf("半徑 %f 的圓的面積為 %f\n", rad, shape);
    return 0;
}
```

```
請輸入半徑:3
半徑 3.000000 的圓的面積為 28.260000
```

(三) 撰寫一程式，計算梯形的面積

公式換算如右：（梯型面積＝（上底＋下底）×高÷2）

```
#include <stdio.h>
#include <stdlib.h>

int main(int argc, char *argv[]) {
    float upper,lower, height, shape;
    printf("請輸入梯形上底:");
    scanf("%f",&upper);
    printf("請輸入梯形下底:");
    scanf("%f",&lower);
    printf("請輸入梯形高:");
    scanf("%f",&height);
    shape = (upper+lower) * height/2;
    printf("梯形的面積為 %f\n", shape);
    return 0;
}
```

```
請輸入梯形上底:13
請輸入梯形下底:26
請輸入梯形高:5
梯形的面積為 97.500000
```

(四) **撰寫一程式，輸入兩個整數，進行數學的四則運算以及取餘數**

```
#include <stdio.h>
#include <stdlib.h>

int main(int argc, char *argv[]) {
    int num1,num2;
    int add,sub,mult,div,mod;
    printf("請輸入數字-1:");
    scanf("%d",&num1);
    printf("請輸入數字-2:");
    scanf("%d",&num2);
    add = num1 + num2;
    sub = num1 - num2;
    mult = num1 * num2;
    div = num1 / num2;
    mod = num1 % num2;
    printf("%d + %d = %d\n", num1, num2,add);
    printf("%d - %d = %d\n", num1, num2,sub);
    printf("%d * %d = %d\n", num1, num2,mult);
    printf("%d / %d = %d\n", num1, num2,div);
    printf("%d %% %d = %d\n", num1, num2,mod);
    return 0;
}
```

```
請輸入數字-1:28
請輸入數字-2:4
28 + 4 = 32
28 - 4 = 24
28 * 4 = 112
28 / 4 = 7
28 % 4 = 0
```

(五) **撰寫一程式，計算以下的不同型態資料，所需要的記憶體**

（135, 135.11, 135L, 135.11f, 135.11L, 'c', 1.3511e+234）

```
#include <stdio.h>
#include <stdlib.h>

int main(int argc, char *argv[]) {
    printf("佔用記憶體大小%lu\n",sizeof(135));
    printf("佔用記憶體大小%lu\n",sizeof(135.11));
    printf("佔用記憶體大小%lu\n",sizeof(135L));
    printf("佔用記憶體大小%lu\n",sizeof(135.11f));
    printf("佔用記憶體大小%lu\n",sizeof(135.11L));
    printf("佔用記憶體大小%lu\n",sizeof('c'));
    printf("佔用記憶體大小%lu\n",sizeof(1.3511e+234));
    return 0;
}
```

```
佔用記憶體大小4
佔用記憶體大小8
佔用記憶體大小8
佔用記憶體大小4
佔用記憶體大小16
佔用記憶體大小1
佔用記憶體大小8
```

考前實戰演練

( ) **1** 流程圖如下圖所示，請依照流程圖執行，最後印出B的值為何？

(A)20

(B)24

(C)27

(D)36。 【101年統測】

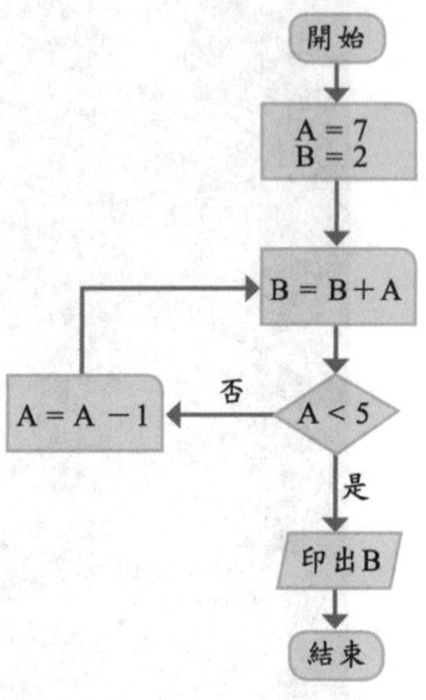

( ) **2** 右列流程圖如圖執行後的結果，變數j的輸出值為何？

(A)5

(B)6

(C)7

(D)8。 【100年統測】

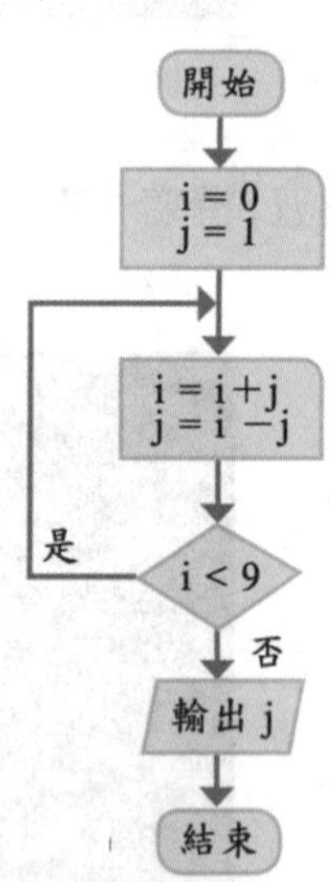

( ) **3** 下列哪一個Visual Basic的運算式執行後的計算結果值為3？

(A)5 \ 2 + 2 ^ 0　　(B)5/2 + 5 Mod 2

(C)5 - 2=3　　(D)"2" + "1"。 【100年統測】

( ) **4** 執行Visual Basic運算式3 ^ 2 * 2－10 Mod 4 / 2所得之結果為何？

(A)17　(B)18　(C)80　(D)81。 【101年統測】

( ) **5** 下列Visual Basic程式片段執行時，會在哪裡產生錯誤？

Const A As Integer＝2 Dim B As Integer B＝1 A＝B

(A)Const A As Integer＝2　(B)Dim B As Integer

(C)B＝1　(D)A＝B。

( ) **6** 下列Visual Basic運算式，何者為真（True）？

(A)"abdc" > "string"

(B)(2 > 9) Or (3 < 8)

(C)((9 Mod 4) > 2) And (8 < 3)

(D)Not ((1 < > 2) Or (5＝4))。

( ) **7** 執行下列Visual Basic程式片段後，變數L的值為何？

K=4 L =(−K ^ 2 \ − 3)* 4 + K Mod − 3

(A)− 21　(B)− 19

(C)19　(D)21。【102年統測】

( ) **8** 執行完下列Visual Basic程式片段後，印出的結果為何？

Dim T,K,R As Integer T=5 : K =6 : R =0 Rem R =T+K Print R

(A)R　(B)11

(C)0　(D)R=T+K。【101年統測】

( ) **9** 執行完下列Visual Basic程式片段後，要使變數c的結果為"ABC123ABC"，須執行下列哪一選項？

Dim a,c As String

Dim b As Integer

a="ABC" : b =123

(A)c=a+b+a　(B)c =a&b&a

(C)c=a+b&a　(D)c =a&b+a。【101年統測】

( ) **10** 在Visual Basic中，運算式3*2^2 Mod 3*2+6\4/2，結果為何？

(A)3　(B)4

(C)5　(D)6。

(　　) **11** 如下圖所示，依流程順利執行完後，列印之A值為何？

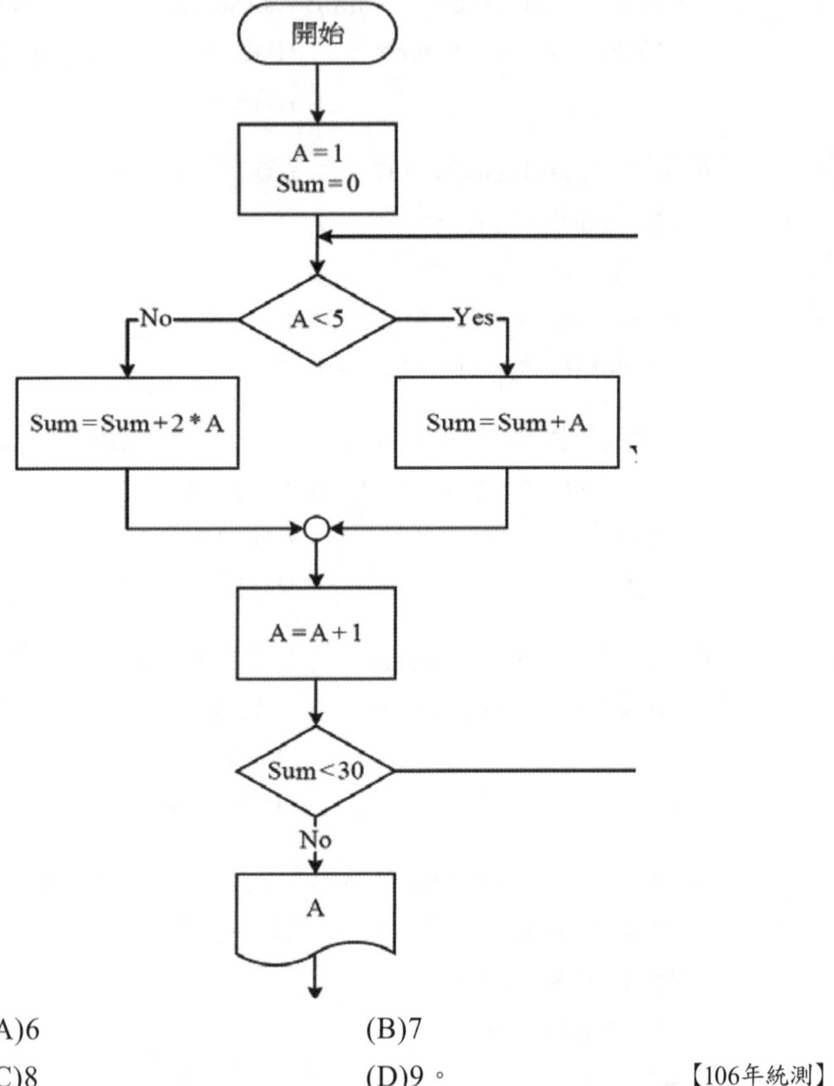

(A)6　　(B)7
(C)8　　(D)9。【106年統測】

(　　) **12** 若Visual Basic的變數N=10，下列何者的運算結果為False？
(A)(N >= 10) XOR (N<> 15)
(B)(N >= 10) AND (N <> 15)
(C)(N > 10) OR (N < 15)
(D)NOT (N > 10)。【106年統測】

( ) **13** 在Visual Basic程式語言的運算式中，可分為算術運算式、字串運算式、關係運算式和邏輯運算式。下列運算式之值何者錯誤？

(A)「3^3 + 23」值為50

(B)「101\5」值為20.2

(C)「"123"+"1"」值為"1231"

(D)「"abc">"123"」值為True。 【105年統測】

( ) **14** 下圖之流程圖執行後的結果，變數i和sum的值為何？

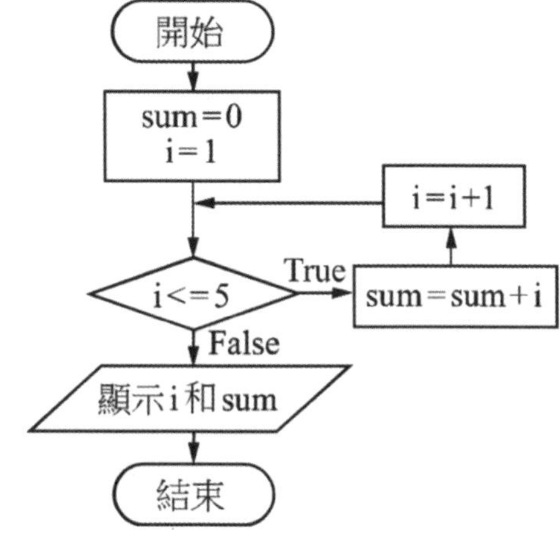

(A)i＝6，sum＝15 (B)i＝5，sum＝10

(C)i＝4，sum＝6 (D)i＝7，sum＝21。 【105年統測】

( ) **15** 一C語言程式片段如下，

```
#include<stdio.h>
main() {
int x=1,y=2;
int*ip;
ip=&x;
y=*ip; printf("y=%d\n",y);
}
```

當該程式片段執行後，變數y之值為下列何者？

(A)0 (B)1

(C)2 (D)3。

( ) **16** 下列哪個布林表示式（Boolean expression）錯誤？

(A)(A+B')'=A'×B (B)(A+B)'=A'×B'

(C)(A×B')'=A+B' (D)(A×B)'=A'+B'。

( ) **17** 下列真值表是哪一種以A、B為輸入之邏輯運算？

A	B	結果
0	0	1
0	1	0
1	0	0
1	1	0

(A)A OR B (B)A AND B

(C)NOT(A OR B) (D)NOT(A AND B)。

( ) **18** 要反轉一個位元樣式的所有位元時，需製作一個全部為1的遮罩，然後將位元樣式與遮罩進行以下哪一種邏輯運算？

(A)XOR (B)AND

(C)OR (D)NOT。

( ) **19** 假設「0」代表邏輯值「False」、「1」代表邏輯值「True」，則下列哪一種邏輯運算，當輸入端輸入任一值0時，其輸出端必輸出0？

(A)反閘（NOT Gate） (B)且閘（AND Gate）

(C)或閘（OR Gate） (D)互斥或閘（XOR Gate）。

( ) **20** 使用中國餘式定理找尋下列線性同餘系統中X的解為何？

$X \equiv 1 \pmod 2, X \equiv 2 \pmod 3, X \equiv 3 \pmod 5$

(A)21 (B)30

(C)23 (D)31。

( ) **21** 請計算$(13)^{23}$mod 23的結果為何？

(A)1 (B)23

(C)13 (D)7。

( ) **22** 下列何者為布林代數式A.B+B+(A+B).(~C)的簡化式？（其中"~C"表示"NOT C"）

(A)A.B+(~C) (B)A+B.(~C)

(C)A. (~C)+B.(~C) (D)B+A.(~C)。

( ) **23** 若 a, b, c, d, e 均為整數變數，下列哪個算式計算結果與a+b*c-e計算結果相同？

(A)(((a+b)*c)-e) (B)((a+b)*(c-e))

(C)((a+(b*c))-e) (D)(a+((b*c)-e))。

( ) **24** 右側Mystery()函式else部分運算式應為何？才能使得Mystery(9)的回傳值為34。

```
int Mystery (int x) {
    if (x <= 1) {
        return x;
    }
    else {
        return _______ ;
    }
}
```

(A)x+Mystery(x-1)

(B)x*Mystery(x-1)

(C)Mystery(x-2)+Mystery(x+2)

(D)Mystery(x-2)+Mystery(x-1)。

( ) **25** 假設x,y,z為布林(boolean)變數，且x=TRUE, y=TRUE, z=FALSE。請問下面各布林運算式的真假值依序為何？
（TRUE表真，FALSE表假）

- !(y || z) || x
- !y || (z || !x)
- z || (x && (y || z))
- (x || x) && z

(A)TRUE FALSE TRUE FALSE

(B)FALSE FALSE TRUE FALSE

(C)FALSE TRUE TRUE FALSE

(D)TRUE TRUE FALSE TRUE。

( ) **26** 右側F()函式回傳運算式該如何寫，才會使得F(14)的回傳值為40？

```
int F (int n) {
    if (n < 4)
        return n;
    else
        return _______?_______;
}
```

(A)n*F(n-1)
(B)n+F(n-3)
(C)n-F(n-2)
(D)F(3n+1)。

( ) **27** 下方程式碼執行後輸出結果為何？

```
int a=2, b=3;
int c=4, d=5;
int val;
val = b/a + c/b + d/b; printf ("%d\n", val);
```

(A)3 (B)4
(C)5 (D)6。

Unit 6　流程指令及迴圈

章節名稱	重點提示
6-1 流程指令	1. 熟悉關係運算式 2. if、if -else、switch使用方法
6-2 迴圈指令	1. for 迴圈使用方法 2. while 迴圈使用方法
6-3 流程指令與迴圈應用實例	經典範例解析

6-1 流程指令

一、關係運算式

(一) 說明

一般程式的寫作過程中，常常會有**計算及判斷**的過程，**關係運算式**的使用，就是可以讓我們讓電腦語言判斷該往哪一個程式執行以及顯示哪一種結果的方法，關係運算式使用得當，往往可以讓程式顯得有邏輯、精簡且易讀取。以下用圖表歸納常用的關係運算式：

運算子	功能	範例	說明
==	等於	A==B	當A等於B時，表示結果＝True
!=	不等於	A!=B	當A不等於B時，表示結果＝True
>	大於	A>B	當A大於B時，表示結果＝True
<	小於	A<B	當A小於B時，表示結果＝True
>=	大於等於	A>=B	當A大於等於B時，表示結果＝True
<=	小於等於	A<=B	當A小於等於B時，表示結果＝True

(二) 程式碼範例

透過寫程式來練習關係運算式的寫法以及顯示正確結果，以下以「等於；==」舉例說明，其他的運算式，請抽空練習。

```
#include <iostream>
#include <iomanip>
using std::cin;
using std::cout;
using std::endl;
using std::boolalpha;

int main()

{
    int num1, num2;
    bool r1;
    cout<<"請輸入第一個數字：";
    cin>>num1;
    cout<<"請輸入第二個數字：";
    cin>>num2;
    r1 = (num1 == num2);
    cout<<boolalpha;
    cout<<num1<<"=="<<num2<< "運算式結果是 " <<r1<<endl;
    system("pause");
}
```

```
請輸入第一個數字：33
請輸入第二個數字：66
33==66運算式結果是 false
```

二、if 指令敘述

(一) 說明

一般if指令主要是針對條件式運算來判別結果，如果符合條件，就執行敘述，如果不符合條件，就略過不執行。以下說明如圖：

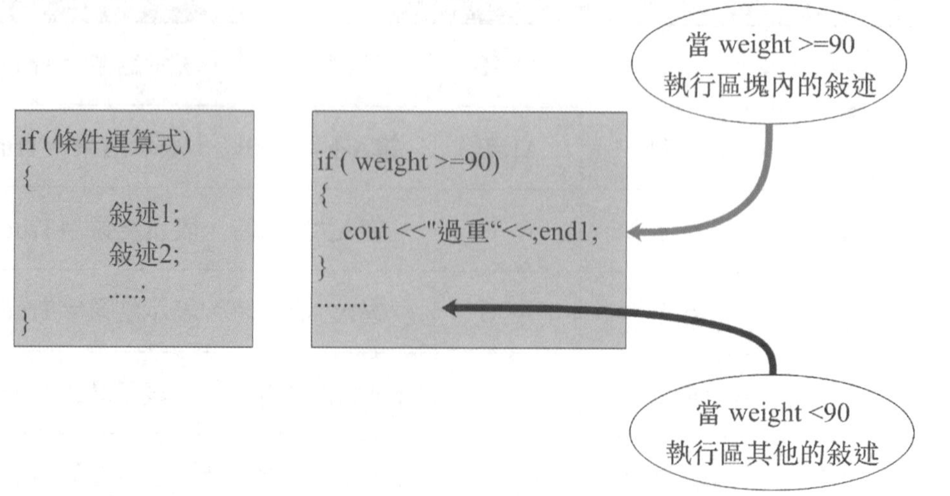

(二) **程式碼範例**

透過寫程式來練習if指令的寫法以及顯示正確結果，以下舉例說明。

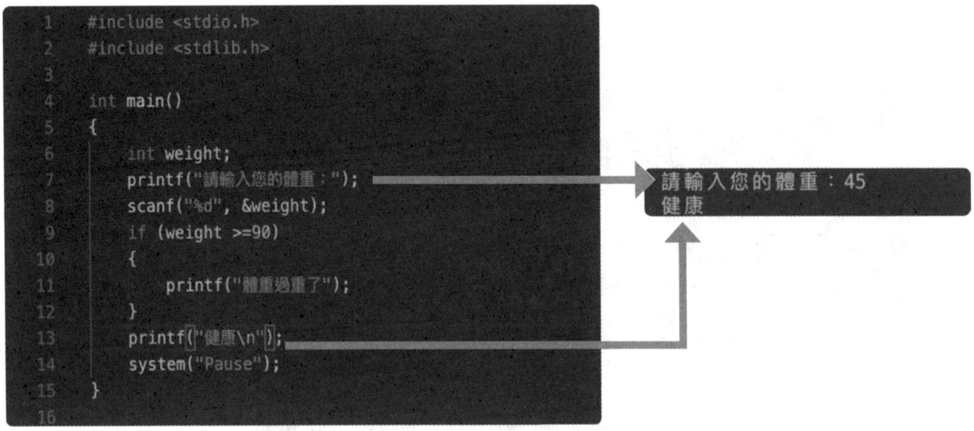

```
#include <stdio.h>
#include <stdlib.h>

int main()
{
    int weight;
    printf("請輸入您的體重：");
    scanf("%d", &weight);
    if (weight >=90)
    {
        printf("體重過重了");
    }
    printf("健康\n");
    system("Pause");
}
```

```
請輸入您的體重：45
健康
```

三、if-else指令敘述

(一) **說明**

if -else指令中的if是執行條件式中符合的敘述區塊，else是執行不符合條件式的敘述區塊。以下說明如圖：

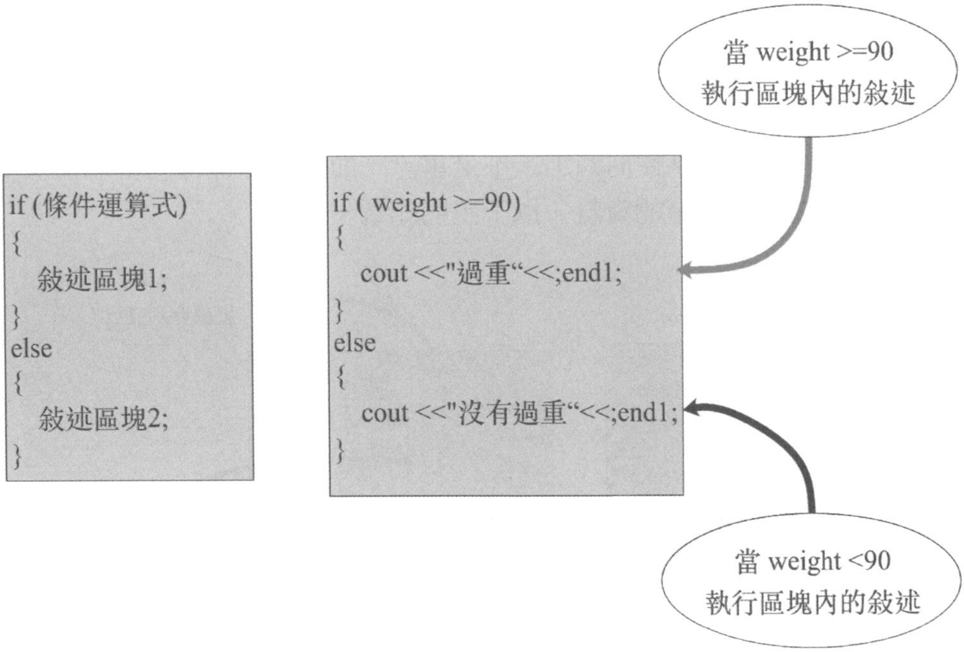

```
if (條件運算式)
{
   敘述區塊1;
}
else
{
   敘述區塊2;
}
```

```
if ( weight >=90)
{
   cout <<"過重"<<;endl;
}
else
{
   cout <<"沒有過重"<<;endl;
}
```

當 weight >=90
執行區塊內的敘述

當 weight <90
執行區塊內的敘述

(二) 程式碼範例

透過寫程式來練習if-else指令的寫法以及顯示正確結果，以下舉例說明。

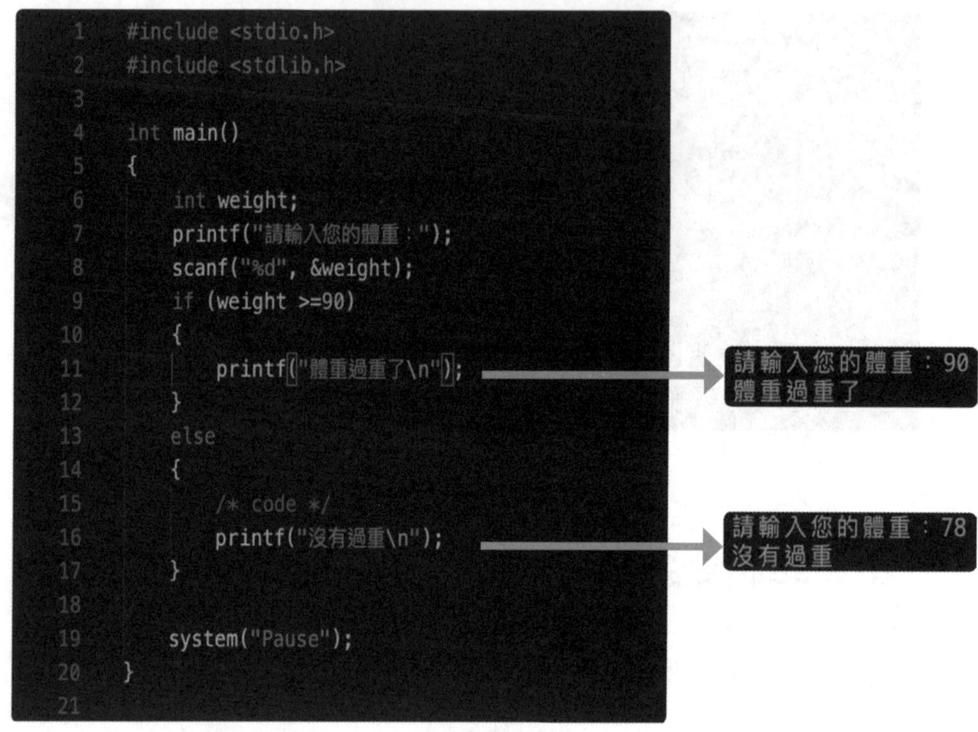

四、if巢狀結構

(一) 說明

if 巢狀結構表示條件的判別，不是單一，而是多重條件，所以需要多個if條件來區隔出正確的資料。以下說明如圖：

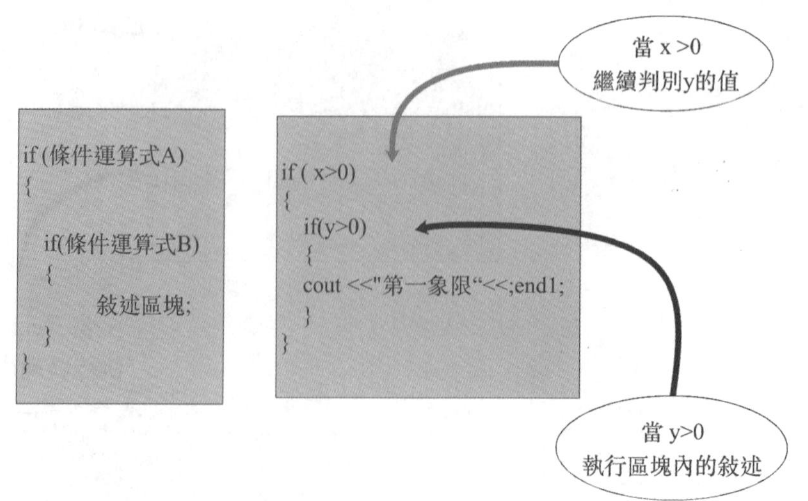

(二) 程式碼範例

透過寫程式來練習if巢狀指令的寫法以及顯示正確結果，以下舉例說明。

```
#include <stdio.h>
#include <stdlib.h>

int main(int argc, char *argv[])
{
    int x,y;
    char D;
    printf("請輸入x,y的值：");
    scanf("%d ,%d", &x, &y);
    if (x >0)
    {
        if (y>0)
            D = '1';
        else
            D = '4';
    }
    else
    {
        if (y>0)
            D = '2';
        else
            D = '3';
    }
    printf("x= %d, y=%d 是位於第 %c 象限\n", x,y, D);
    system("Pause");
}
```

```
請輸入x,y的值：1,4
x= 1, y=4 是位於第 1 象限
```

```
請輸入x,y的值：-3,9
x= -3, y=9 是位於第 2 象限
```

五、switch-case指令敘述

(一) 說明

switch-case指令敘述表示條件的判別，同時擁有三個或是三個以上的方案，所以需要使用switch-case來解決多向的決策流程，可以降低程式的複雜度以及增加程式的可讀性。以下說明如圖：

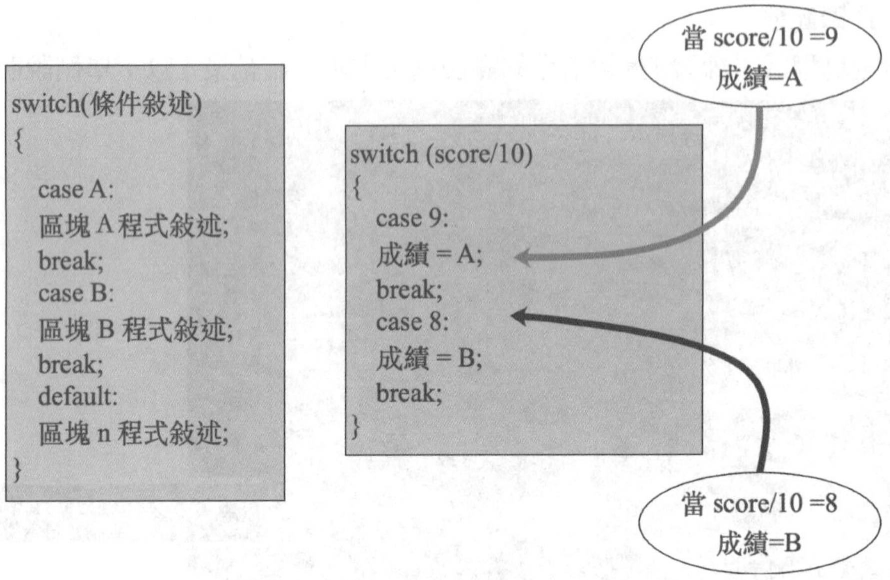

(二) 程式碼範例

透過寫程式來練習switch-case指令的寫法以及顯示正確結果，以下舉例說明。

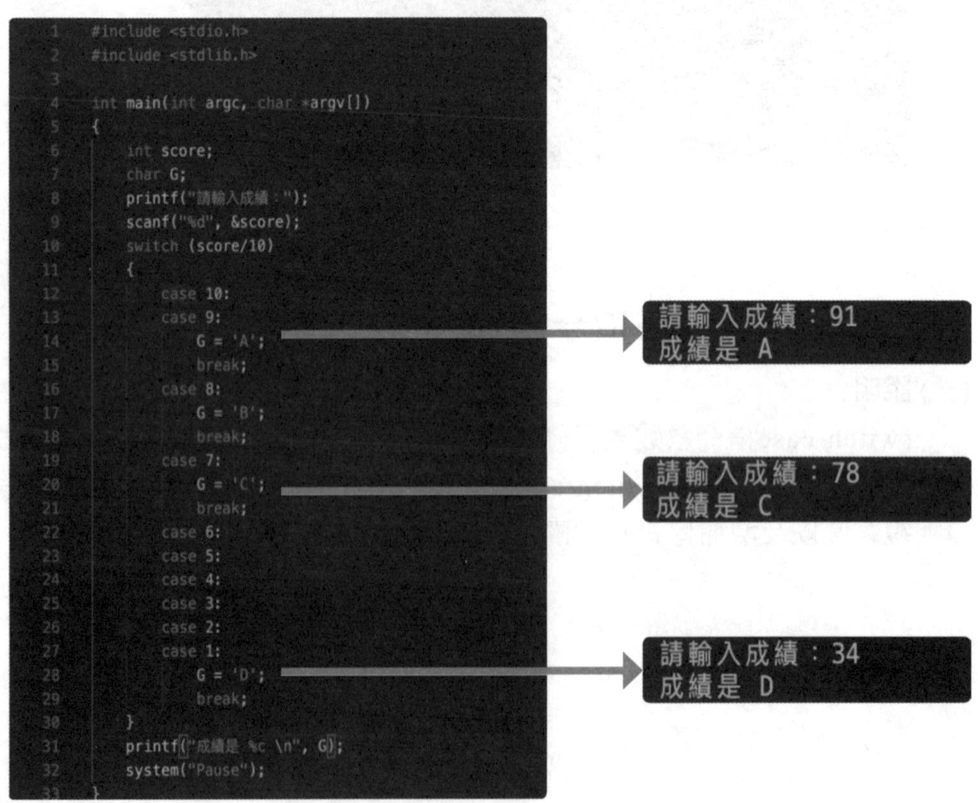

隨堂練習

( ) **1** 關於C語言中，關係運算式，判別完後，會回傳哪一種值？
(A)字串 (B)整數 (C)字元 (D)布林。

( ) **2** 關於C語言中，關係運算式，判別完後是正確的，會回傳哪一種值？ (A)1 (B)true (C)0 (D)false。

( ) **3** 關於C語言中，關係運算式，判別完後是錯誤時，會回傳哪一種值？ (A)1 (B)true (C)0 (D)false。

( ) **4** 如果x=5，y=6，以下關係運算式（x>=y）會回傳哪一種值？
(A)1 (B)true (C)0 (D)false。

( ) **5** 如果x=5，y=6，以下關係運算式（x!=y）會回傳哪一種值？
(A)1 (B)true (C)0 (D)false。

( ) **6** 如果要計算數學考試的分數，大於等於90以及小於60，程式的寫法應該為？
(A)score>=90 || score <60 (B)score<=90 || score >60
(C)score>=90 && score <=60 (D)score>=90 && score <60。

( ) **7** 如果要計算數學考試的分數，大於等於90或是小於60，程式的寫法應該為？
(A)score>=90 || score <60 (B)score<=90 || score >60
(C)score>=90 && score >60 (D)score>=90 && score <60。

( ) **8** 右側程式結果應該顯示哪一種才是正確？
(A)為奇數
(B)為偶數
(C)4.5
(D)9。

```
int input = 9;
int remain = input /2;
if (remain ==1)
{printf("為奇數");}
else
{printf("為偶數");}
```

( ) **9** 請問以右側程式，成績應該為？

(A)A

(B)B

(C)C

(D)D。

```
int score = 77;
char level;
if(score >= 90) {
    level = 'A';
}
else if(score >= 80 && score < 90) {
    level = 'B';
}
else if(score >= 70 && score < 80) {
    level = 'C';
}
else if(score >= 60 && score < 70) {
    level = 'D';
}
else {
    level = 'E';
}
```

( ) **10** 請問以右側程式，成績應該為？

(A)A

(B)B

(C)C

(D)D。

```
Int score =100;
int quotient = score / 10;
char level;
switch(quotient) {
case 10:
case 9:
   level = 'A';
   break;
case 8:
   level = 'B';
   break;
case 7:
   level = 'C';
   break;
case 6:
   level = 'D';
   break;
default:
   level = 'E';
}
```

(　　) **11** 請問以右側程式，會是在第幾象限？
(A)1
(B)2
(C)3
(D)4。

```
int x=3;
int y=-5;
char D;
  if (x >0)
  {if (y>0)
        D = '1';
     else
        D = '4';}
  else
  {if (y>0)
        D = '2';
     else
        D = '3';}
```

答 **1** (D) **2** (B) **3** (D) **4** (D) **5** (B) **6** (D) **7** (A) **8** (A)
9 (C) **10** (A) **11** (D)

6-2 迴圈指令

一、for迴圈指令敘述

(一) 說明

針對重複的行為，為了使程式碼不至於冗長，不易讀取，同時讓後續維護容易，我們會將此重複的程式碼，利用for迴圈的功能，來達到相同的目的。for迴圈的格式，說明如下：

```
for (初始運算式;條件運算式;控制運算式)
{
    區塊程式碼;
}
```

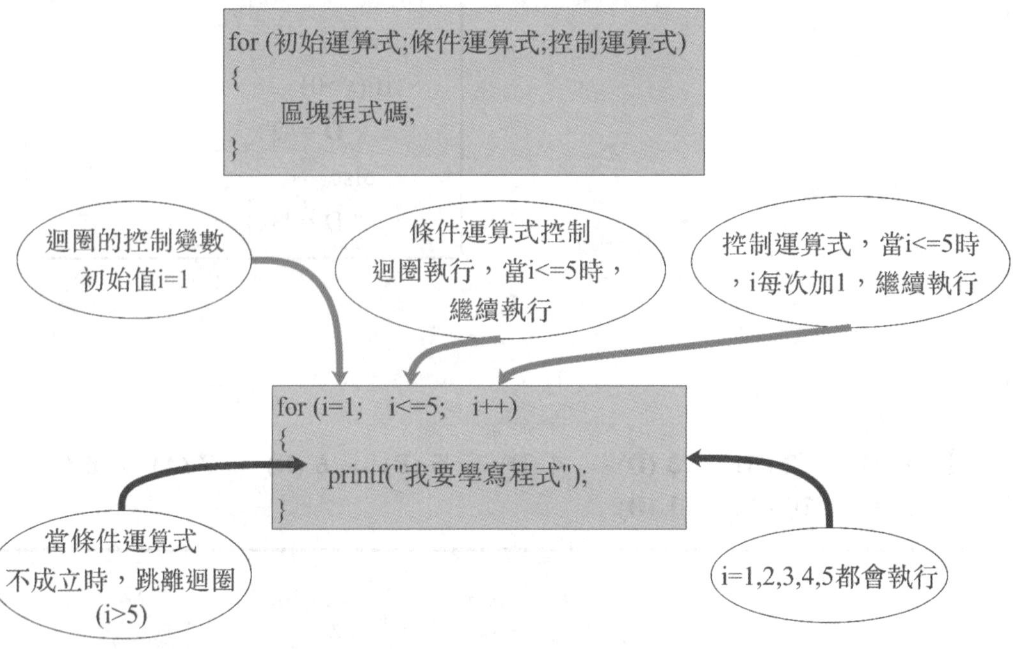

for迴圈執行的過程，說明如下：

執行次數	迴圈控制變數	條件運算式	說明
1	i=1	true	執行"我要學寫程式"
2	i=2	true	執行"我要學寫程式"
3	i=3	true	執行"我要學寫程式"
4	i=4	true	執行"我要學寫程式"
5	i=5	true	執行"我要學寫程式"
6	i=6	false	離開迴圈

(二) **程式碼範例**

透過寫程式來練習for迴圈指令的寫法以及顯示正確結果，以下舉例說明。（6-2-1-2-1.cpp）

```
#include <stdio.h>
#include <stdlib.h>

int main(int argc, char *argv[])
{
    int i, sum = 0;
    char G;
    for(i=1;i<=5;i++)
    {
        printf("sum =%d, i=%d, \n",sum,i);
        sum+=i;
    }
    system("Pause");
}
```

```
sum =0, i=1,
sum =1, i=2,
sum =3, i=3,
sum =6, i=4,
sum =10, i=5,
```

二、while迴圈指令敘述

(一) **說明**

針對重複的行為，while跟for迴圈都可以處理，唯一不同之處，就是for迴圈只可以針對已知範圍，當不確定範圍時，需要使用while迴圈來處理。

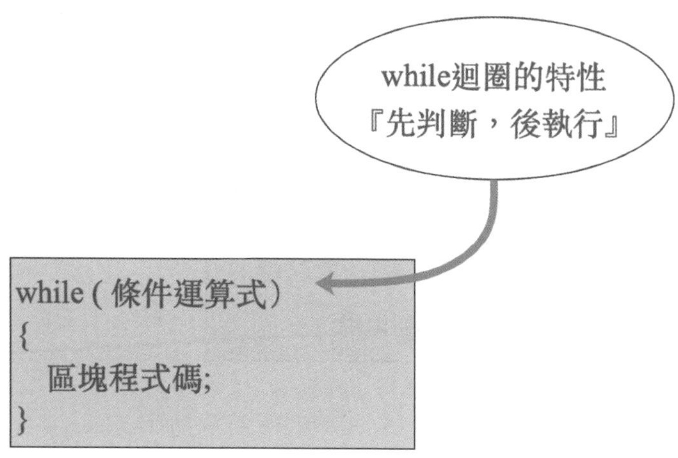

(二) 程式碼範例

透過寫程式來練習while迴圈指令的寫法以及顯示正確結果，以下舉例說明。

```
#include <stdio.h>
#include <stdlib.h>

int main(int argc, char *argv[])
{
    int i=0, count = 0,sum = 0;
    while(sum < 300)
    {
        i = i+10;
        count++;
        sum+=i;
    }
    printf("當第 %d 次, 數值為=%d, 總數 sum =%d\n",count, i, sum);
    system("Pause");
}
```

```
當第 8 次, 數值為=80, 總數 sum =360
```

三、do while迴圈指令敘述

(一) 說明

while跟do while迴圈都可以處理重複的行為，唯一不同之處，就是while迴圈是「先判別，後處理」，do while是「先處理，後判別」的差別。

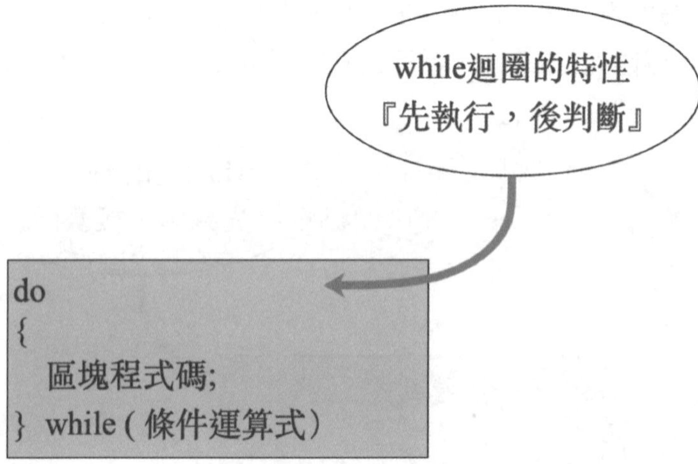

(二) 程式碼範例

透過寫程式來練習do while迴圈指令的寫法以及顯示正確結果，以下舉例說明。

```c
#include <stdio.h>
#include <stdlib.h>

int main(int argc, char *argv[])
{
    int a=91, b=21, temp, r;
    if (b>a)
    {
        /* a, b 交換位置 */
        temp = a;
        b = a;
        a = temp;
    }

    do
    {
        r = a % b;      /* 取餘數*/
        a = b;          /* assign 除數為被除數*/
        b = r;          /* assign 原餘數為除數*/
    }
    while (r>0);
    printf("最大公因數為 =%d\n",a);
    system("Pause");
}
```

先辨別哪一個數比較大，可以當被除數

輾轉相除法

```
最大公因數為 =7
```

四、巢狀迴圈指令敘述

(一) 說明

當迴圈內包含另一個迴圈，我們稱之為巢狀迴圈，構成巢狀迴圈的指令敘述，不一定是同一種，也可以混合while()、for()或是do while()使用，最常用在有關數學的問題。

(二) 程式碼範例

透過寫程式來練習巢狀迴圈指令的寫法以及顯示正確結果，以下舉例說明。

```c
#include <stdio.h>
#include <stdlib.h>

int main(int argc, char *argv[])
{

    int i, j;

    for( i=1 ; i<=9 ; i=i+1 )
    {
        for( j=1 ; j<=9 ; j=j+1 )
        {
            printf("%d * %d = %d   ",i, j, i*j);

        }
        printf("\n");
    }

    system("Pause");
}
```

```
1 * 1 = 1  1 * 2 = 2  1 * 3 = 3  1 * 4 = 4  1 * 5 = 5  1 * 6 = 6  1 * 7 = 7  1 * 8 = 8  1 * 9 = 9
2 * 1 = 2  2 * 2 = 4  2 * 3 = 6  2 * 4 = 8  2 * 5 = 10  2 * 6 = 12  2 * 7 = 14  2 * 8 = 16  2 * 9 = 18
3 * 1 = 3  3 * 2 = 6  3 * 3 = 9  3 * 4 = 12  3 * 5 = 15  3 * 6 = 18  3 * 7 = 21  3 * 8 = 24  3 * 9 = 27
4 * 1 = 4  4 * 2 = 8  4 * 3 = 12  4 * 4 = 16  4 * 5 = 20  4 * 6 = 24  4 * 7 = 28  4 * 8 = 32  4 * 9 = 36
5 * 1 = 5  5 * 2 = 10  5 * 3 = 15  5 * 4 = 20  5 * 5 = 25  5 * 6 = 30  5 * 7 = 35  5 * 8 = 40  5 * 9 = 45
6 * 1 = 6  6 * 2 = 12  6 * 3 = 18  6 * 4 = 24  6 * 5 = 30  6 * 6 = 36  6 * 7 = 42  6 * 8 = 48  6 * 9 = 54
7 * 1 = 7  7 * 2 = 14  7 * 3 = 21  7 * 4 = 28  7 * 5 = 35  7 * 6 = 42  7 * 7 = 49  7 * 8 = 56  7 * 9 = 63
8 * 1 = 8  8 * 2 = 16  8 * 3 = 24  8 * 4 = 32  8 * 5 = 40  8 * 6 = 48  8 * 7 = 56  8 * 8 = 64  8 * 9 = 72
9 * 1 = 9  9 * 2 = 18  9 * 3 = 27  9 * 4 = 36  9 * 5 = 45  9 * 6 = 54  9 * 7 = 63  9 * 8 = 72  9 * 9 = 81
```

隨堂練習

( ) **1** 以下哪一種語法，是C語言用來執行重複結構的？
(A)for (B)do while (C)while (D)以上皆是。

( ) **2** 以下哪一種C語言語法，至少會執行一次的？
(A)for (B)do while (C)while (D)以上皆是。

( ) **3** 以下哪一種C語言語法，可能連一次都不會執行？
(A)for (B)do while (C)while (D)以上皆是。

( ) **4** 如右側程式，至少會執行幾次？
(A)4
(B)5
(C)6
(D)7。

```
for (i =3;i<=8;i++)
{
printf("我要登上玉山");
}
```

( ) **5** 如右側程式，至少會執行幾次？
(A)0
(B)3
(C)6
(D)無窮迴圈。

```
int a=5;
while(a>7){
a++;
printf("我要登上玉山");
}
```

( ) **6** 如右側程式，最大公因數為？
(A)1
(B)3
(C)7
(D)21。

```
int a=91, b=21, temp, r;
if (b>a){
temp = a;
b = a;
a = temp;}
do {
r = a % b;
a = b;
b = r; }
while (r>0);
printf("最大公因數為 =%d\n",a);
```

( ) **7** 如右側程式，total會是多少？
(A)0
(B)62
(C)36
(D)49。

```
int a=1;
int total;
for(i=1;i<=13;i+=2){
total += i;
}
```

( ) **8** 接續上一題，最後跳出迴圈時，i會是多少？
(A)13
(B)11
(C)15
(D)0

答 **1** (D) **2** (B) **3** (C) **4** (C) **5** (A) **6** (C) **7** (D) **8** (A)

6-3 流程指令與迴圈應用實例

一、求因數之方法

(一) 說明

使用循序猜值法，接續一數一數帶入，如果相除可以為零，表示都是因數。

(二) 程式碼範例

```
#include <stdio.h>
#include <stdlib.h>

int main(int argc, char *argv[])
{
    int number;
    int i;
    printf("請輸入您的數字：");
    scanf("%d", &number);
    for(i=1;i<=number;i++)
    {
        if (number%i == 0)
        printf("%d\n",i);

    }
    system("Pause");
}
```

```
請輸入您的數字：51
1
3
17
51
```

二、求質數之方法

(一) 說明

質數的定義：任一整數，除了1跟本身之外，沒有任何數可以整除此數，則此數為質數。使用循序猜值法，接續一數一數帶入，如果沒有一數可以整除，則表示此數是質數。

(二) 程式碼範例

```
#include <stdio.h>
#include <stdlib.h>
#include <stdbool.h>

int main(int argc, char *argv[])
{
    int number;
    int i;
    _Bool prime = 1;
    printf("請輸入您的數字：");
    scanf("%d", &number);
    for(i=2;i<=number-1;i++)
    {
        if (number%i == 0)
        {
            prime = 0;
            break;
        }
    }
    if (prime)
    {
        printf("%d 是質數\n",number);
    }
    else
        printf("%d 不是質數\n",number);
    system("Pause");
}
```

```
請輸入您的數字：17
17 是質數
```

```
請輸入您的數字：34
34 不是質數
```

三、單一數值九九乘法表之方法

(一) 說明

輸入2-9任一個數值，顯現該數值的九九乘法表。

(二) 程式碼範例

```
#include <stdio.h>
#include <stdlib.h>

int main(int argc, char *argv[])
{
    int number;
    int i;
    printf("請輸入2-9任何一個數字：");
    scanf("%d", &number);
    for(i=2;i<=9;i++)
    {
        printf("%d * %d = %2d \n",number,i,number * i);
    }
    system("Pause");
}

```

```
請輸入2-9任何一個數字：4
4 * 2 =  8
4 * 3 = 12
4 * 4 = 16
4 * 5 = 20
4 * 6 = 24
4 * 7 = 28
4 * 8 = 32
4 * 9 = 36
```

四、閏年之計算方法

(一) 說明

閏年的條件為：

1. 西元年可以被4整除且不被100整除。
2. 西元年可以被400整除者。

(二) 程式碼範例

```c
#include <stdio.h>
#include <stdlib.h>

int main(int argc, char *argv[])
{
    int year;
    printf("請輸入西元年份：");
    scanf("%d", &year);
    if(year%4 == 0 && year%100 != 0 || year%400 ==0 )
    {
        printf("西元 %d 為閏年\n",year);
    }
    else
    {
        printf("西元 %d 非閏年\n",year);
    }

    system("Pause");
}
```

```
請輸入西元年份：1972
西元 1972 為閏年
```

```
請輸入西元年份：1999
西元 1999 非閏年
```

五、利用雙迴圈畫圖方法（遞減）

(一) 說明

利用雙迴圈，依照程式需求（遞減）畫圖。

(二) 程式碼範例

```c
#include <stdio.h>
#include <stdlib.h>

int main(int argc, char *argv[])
{
    int i,j;
    for ( i = 1; i <=5; i++)
    {
        for (j = 5; j >= i; j--)
        {
            printf("*");
        }
        printf("\n");
    }

    system("Pause");
}
```

```
*****
****
***
**
*
```

六、利用雙迴圈畫圖方法（菱形）

(一) 說明

利用雙迴圈，依照程式需求（菱形）畫圖。

(二) 程式碼範例

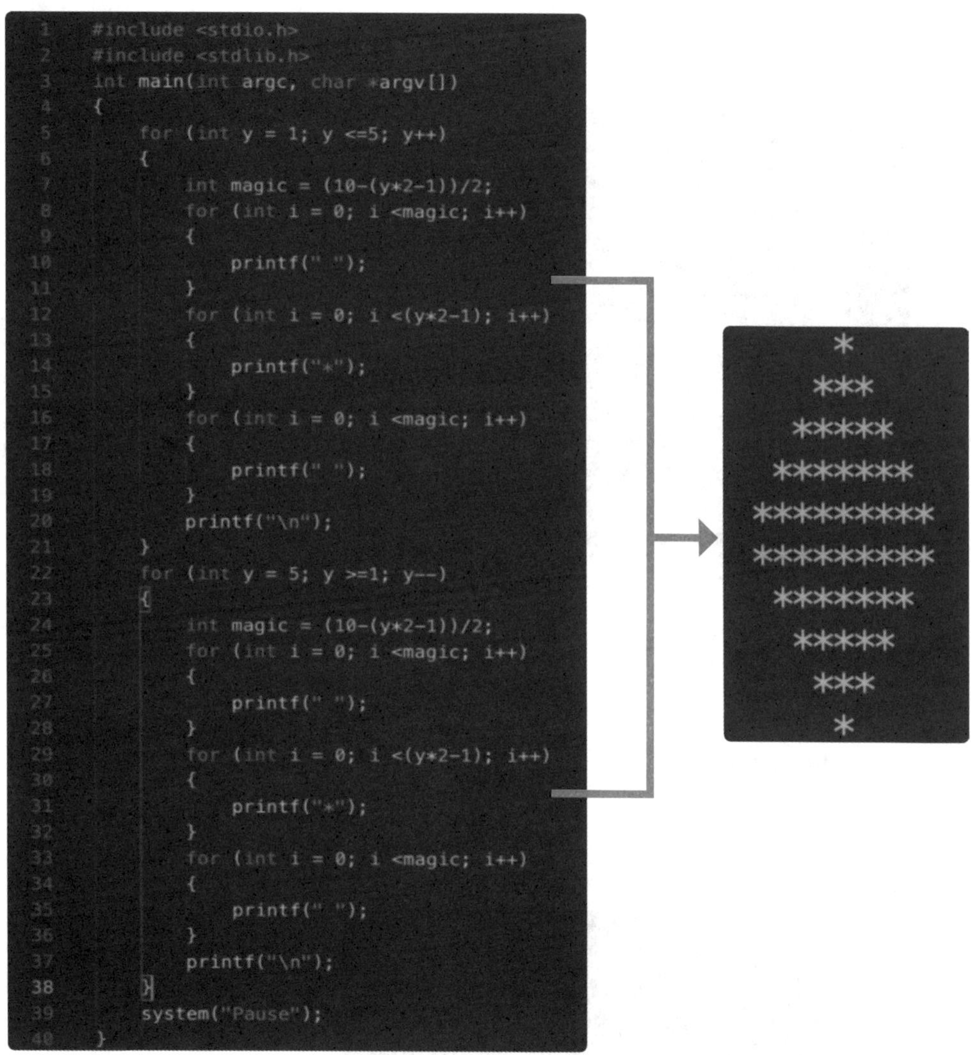

七、十進位轉換

(一) 十進位轉換二進位說明

1. 十進位轉換二進位數學式說明如下

$$(a)_{10} = a_0 + a_1 2^1 + a_2 2^2 + a_3 2^3 \ldots$$

$$= a_0 + 2(a_1 + a_2 2^1 + a_3 2^2) \ldots$$

2. 上式的 a_0 為a除以2的餘數，$a_1+a_2 2^1+a_3 2^2 \cdots$ 則為a除以2的整數商，重複以上步驟，直到整數商為零為止。
3. 最先出爐的餘數應放在2進位的最右邊

$$(a)_{10}=(a_n.....+a_2+a_1+a_0)_2$$

(二) 程式碼範例

```c
#include <stdio.h>
#include <stdlib.h>

int main(int argc, char *argv[])
{
    int number;
    int n=2;
    int r;
    printf("請輸入任何一個數字：");
    scanf("%d", &number);
    while(number>0)
    {
        r = number % n;
        printf("%d\n",r);
        number = number/n;
    }
    system("Pause");
}
```

```
請輸入任何一個數字：123
1
1
0
1
1
1
1
```

八、計算幾位數方法

(一) 說明

利用while把輸入的數字除以10當作一個位數，依序用此法除，直到被除數小於0。

(二) 程式碼範例

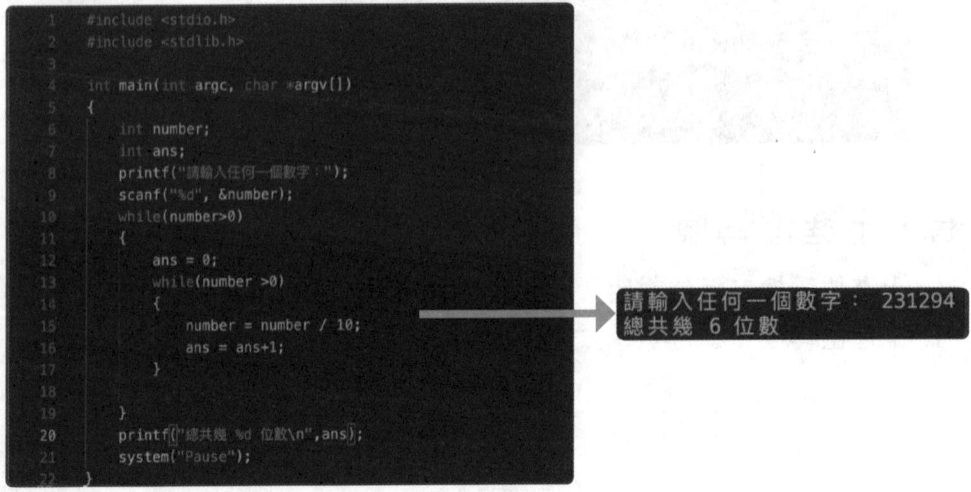

```c
#include <stdio.h>
#include <stdlib.h>

int main(int argc, char *argv[])
{
    int number;
    int ans;
    printf("請輸入任何一個數字：");
    scanf("%d", &number);
    while(number>0)
    {
        ans = 0;
        while(number >0)
        {
            number = number / 10;
            ans = ans+1;
        }

    }
    printf("總共幾 %d 位數\n",ans);
    system("Pause");
}
```

```
請輸入任何一個數字： 231294
總共幾 6 位數
```

考前實戰演練

( ) **1** C語言的break Statement，不能使用在以下何者敘述？

(A)for

(B)if

(C)switch

(D)while。

( ) **2** C++程式部分原始碼如下，執行結果應為何？

```
for ( int i=0; i<5; ++i ) cout << i<<",";
```

(A)0,0,0,0,0,

(B)0,1,2,3,4,

(C)1,2,3,4,5,

(D)0,1,2,3,4,5,。

( ) **3** 請問執行下列C程式碼，其輸出為何？

```
#include <stdio.h>
int main(void)
{
    int ary[3] [4] ;
    int i, j ;
    for(i=0; i<3; i++)
    {
        for( j=0; j<4; j++)
        {
            ary[i] [j] =(i+1)*(j+1);
        }
    }
    printf("%d", ary[2] [3]+ary[1] [2]);
    return 0;
}
```

(A)15 (B)16

(C)17 (D)18。

( ) **4** 下列程式是C語言的function，請問呼叫g2(210,42,350)會得到多少？

```
int g(int m, int n)
{
    /*assume m >= 1 && n >= 1 */
    int i;
    for(i =m; i>=1; i--)
    if(m%i ==0 && n%i == 0) return i;
}
    int g2(int m, int n, int r)
    {
        /*assume m >=1 && n>=1 && r>=1 */
        return g(g(m,n), r);
    }
```

(A)42　(B)14
(C)10　(D)7。

( ) **5** 執行C程式test(3)，其回傳值為下列何者？

```
int test( int control )
{
    int g[] = {0,2,4,6}, h[] = {20,40,60,80}; int i, g_length = 4, s = 0;
    for( i = g_length-1;i >= 0;i-- )
    {
        if( g[i] < control )break;
    }
    while( i >= 0 )
    {
    s = s +( control-g[i] )* h[i]; control = g[i];
    i--;
    }
return s;
}
```

(A)70　(B)80
(C)90　(D)100。

( ) **6** 針對下列C程式，執行test()後回傳值為下列何者？

```
int f (int n)
{
    if (n>3)return 1;
    else if (n==2) return (3+f(n+1));
    else return (1+f(n+1));
}
int test()
{
    int i=0, j=0;
    for (i=1; i<4; i++ ) j=j+f(i); return j;
}
```

(A)15 (B)13
(C)10 (D)7。

( ) **7** 下列何者不是C語言的關鍵字（keywords）？

(A)void (B)switch
(C)station (D)short。

( ) **8** 若g()定義如下，則呼叫g(5)將回傳之值為何？

```
int g(int n){
int sum=0;
int i,j;
for( i=0;i<n;i++)
    for(j=i-1;j<=i+1;j++) sum++;
    return sum;
}
```

(A)5 (B)15
(C)25 (D)30。

( ) **9** 若g()定義如下，則呼叫g(1234)將回傳之值為何？

```
int g (int n) {
int m=0; while (n>0) {
m=n%10-m;
n=n/10; }
return m; }
```

(A)-1 (B)-2
(C)-3 (D)-5。

( ) **10**
```
int i=0, j=10, k=3; for(;i<=101;i++);
j+=i;
printf("%3d", j);
```
執行上述c程式之輸出結果？

(A)111 (B)112
(C)113 (D)114。

( ) **11** 右側程式正確的輸出應該如下:

```
    *
   ***
  *****
 *******
*********
```

```
1 int k = 4;
2 int m = 1;
3 for (int i=1;i<5;i=i+1){
4  for(int j=1;j<=k;j=j+1){
5    printf(" ");
6  }
7  for (int j=1; j<=m; j=j+1) {
8    printf(" *");
9  }
10 printf(" \n");
11 k = k - 1;
12 m = m + 1;
13 }
```

在不修改右側程式之第4行及第7行程式碼的前提下，最少需修改幾行程式碼以得到正確輸出？

(A)1
(B)2
(C)3
(D)4。

( ) **12** 一個費式數列定義第一個數為0第二個數為1之後的每個數都等於前兩個數相加，如下所示：

0、1、1、2、3、5、8、13、21、34、55、89...。

下列的程式用以計算第N個(N≥2)費式數列的數值，請問(a)與(b)兩個空格的敘述(statement)應該為何？

```
int a=0;
int b=1;
int i, temp, N; ...
for (i=2; i<=N; i=i+1) {
temp = b;
____(a)____ ;
a = temp;printf ("%d\n", __(b)__); }
```

(A)(a) f[i]=f[i-1]+f[i-2] (b) f[N]

(B)(a)a=a+b (b)a

(C)(a)b=a+b (b)b

(D)(a) f[i]=f[i-1]+f[i-2] (b) f[i]。

( ) **13** 右側程式片段擬以輾轉除法求i與j的最大公因數。請問while迴圈內容何者正確？

```
i = 76;
j = 48;
while ((i % j) != 0) {
__________
__________
__________
} printf ("%d\n", j);
```

(A)k=i%j; i = j; j = k;

(B)i=j; j = k; k = i % j;

(C)i=j; j = i % k; k = i;

(D)k=i; i = j; j = i % k;。

( ) **14** 右側程式碼，執行時的輸出為何？

```
void main() {
  for (int i=0; i<=10; i=i+1) {
    printf ("%d ", i);
    i = i + 1;
  }
  printf ("\n");
}
```

(A)0 2 4 6 8 10

(B)0 1 2 3 4 5 6 7 8 9 10

(C)0 1 3 5 7 9

(D)0 1 3 5 7 9 11。

(　　) **15** 右側程式執行過後所輸出數值為何？
(A)11
(B)13
(C)15
(D)16。

```
void main () {
int count=10;
if (count>0) {count=11;}
if (count>10) {count=12;
if (count % 3==4) {count=1;}
   else {count=0;}}
else if (count>11) {count=13;}
else {count=14;}
   if (count) {count=15;}
else {count=16;}
printf ("%d\n", count);}
```

(　　) **16** 右側為一個計算n階層的函式，請問該如何修改才會得到正確的結果？
(A)第2行，改為intfac=n;
(B)第3行，改為if(n>0){
(C)第4行，改為fac=n*fun(n+1);
(D)第4行，改為fac=fac*fun(n-1);。

```
int fun (int n) {
    int fac=1;
    if (n>=0) {
        fac=n*fun(n-1);
    }
    return fac;
}
```

(　　) **17** 右側f()函式執行後所回傳的值為何？
(A)1023
(B)1024
(C)2047
(D)2048。

```
int f() {
    int p=2;
    while (p<2000) {
        p=2*p;
    }
    return p;
}
```

( ) **18** 右側f()函式(a), (b), (c)處需分別填入哪些數字，方能使得f(4)輸出2468的結果？
(A)1,2,1
(B)0,1,2
(C)0,2,1
(D)1,1,1。

```
int f(int n)
{ int p = 0;
  int i = n;
while (i >= (a))
{ p=10– (b)*i; printf ("%d", p);
i=i- (c);
}
```

( ) **19** 若n為正整數，右側程式三個迴圈執行完畢後a值將為何？
(A)n(n+1)/2
(B)n^3/2
(C)n(n-1)/2
(D)n^2(n+1)/2。

```
for (int i=1; i<=n; i=i+1)
    for (int j=i; j<=n; j=j+1)
        for (int k=1; k<=n; k=k+1)
            a = a + 1;
```

( ) **20** 右側程式片段執行過程中的輸出為何？
(A)5 10 15 20
(B)5 11 17 23
(C)6 12 18 24
(D)6 11 17 22。

```
int a = 5; ...
for (int i=0; i<20; i=i+1){
    i = i + a;
printf ("%d ", i); }
```

( ) **21** 請問右側程式，執行完後輸出為何？
(A)2417851639229258349412352 7
(B)68921 43
(C)65537 65539
(D)134217728 6。

```
int i=2, x=3;
int N=65536;
while (i <= N) {
   i = i * i * i;
   x = x + 1;
}
printf ("%d %d \n", i, x);
```

考前實戰演練

( ) **22** 下列switch敘述程式碼可以如何以if-else改寫？

```
switch (x) {
case 10: y = 'a'; break; case 20:
case 30: y = 'b'; break; default: y = 'c';
}
```

(A)if (x==10) y = 'a';
　if (x==20||x==30) y = 'b'; y = 'c';
(B)if (x==10) y = 'a';
　else if (x==20 || x==30) y = 'b'; else y = 'c';
(C)if (x==10) y = 'a';
　if (x>=20 && x<=30) y = 'b'; y = 'c';
(D)if (x==10) y = 'a';
　else if(x>=20 && x<=30) y = 'b'; else y = 'c';

( ) **23** 若要邏輯判斷式!(X1||X2)計算結果為真(True)，則X1與X2的值分別應為何？
(A)X1為False，X2為False (B)X1為True，X2為True
(C)X1為True，X2為False (D)X1為False，X2為True。

( ) **24** 右側是依據分數s評定等第的程式碼片段，正確的等第公式應為：
90~100判為A等，80~89判為B等，70~79判為C等，60~69判為D等，0~59判為F等，這段程式碼在處理0~100的分數時，有幾個分數的等第是錯的？
(A)20
(B)11
(C)2
(D)10。

```
if (s>=90) {
   printf ("A \n");
}
else if (s>=80) {
   printf ("B \n");
}
else if (s>60) {
   printf ("D \n");
}
else if (s>70) {
   printf ("C \n");
}
else {
   printf ("F\n");
}
```

(　　) **25** 右側程式片段中執行後若要印出下列圖案，(a)的條件判斷式該如何設定？

```
******
 ****
  **
```

```
for (int i=0; i<=3; i=i+1) {
    for (int j=0; j<i; j=j+1)
printf(" ");
for (int k=6-2*i; (a) ; k=k-1) printf("*");
    printf("\n");
}
```

(A)k>2　(B)k>1

(C)k>0　(D)k>-1。

(　　) **26** 右側函式兩個回傳式分別該如何撰寫，才能正確計算並回傳兩參數a, b之最大公因數（Greatest Common Divisor）？

```
int GCD (int a, int b) {
    int r;
    r = a % b;
    if (r == 0)
        return ___________;
    return ______________;
}
```

(A)a, GCD(b,r)

(B)b, GCD(b,r)

(C)a, GCD(a,r)

(D)b, GCD(a,r)。

(　　) **27** 右側程式片段無法正確列印20次的"Hi!"，請問下列哪一個修正方式仍無法正確列印20次的"Hi!"？

```
for (int i=0; i<=100; i=i+5) {
    printf ("%s\n", "Hi!");
}
```

(A)需要將 i<=100 和 i=i+5 分別修正為 i<20 和 i=i+1

(B)需要將 i=0 修正為 i=5

(C)需要將 i<=100 修正為 i<100;

(D)需要將 i=0 和 i<=100 分別修正為 i=5 和 i<100

(　　) **28** 右側程式執行完畢後所輸出值為何？

(A)12

(B)24

(C)16

(D)20

```
int main() {
    int x = 0, n = 5;
    for (int i=1; i<=n; i=i+1)
        for (int j=1; j<=n; j=j+1) {
            if ((i+j)==2)
                x = x + 2;
            if ((i+j)==3)
                x = x + 3;
            if ((i+j)==4)
x = x + 4; }
    printf ("%d\n", x);
return 0; }
```

Unit 7 陣列及指標

章節名稱	重點提示
7-1 陣列	1. 陣列的結構認識 2. 陣列種類介紹
7-2 指標	1. 指標的使用方法 2. 指標的種類介紹
7-3 陣列與指標應用實例	經典範例解析

7-1 陣列

一、陣列（array）的架構說明

(一) 陣列的說明

處理變數時，我們需要宣告變數，需告變數需要定義變數名稱及其所屬的資料型態，而且此變數只能儲存一筆資料；當我們需要處理**大量的資料**而且是**同資料型態**時，就需要使用陣列，使用此結構可以處理大量相同的變數跟資料，陣列可以是一維、二維、三維等，依據需求不同，使用不同的陣列。下列圖表介紹陣列的架構：

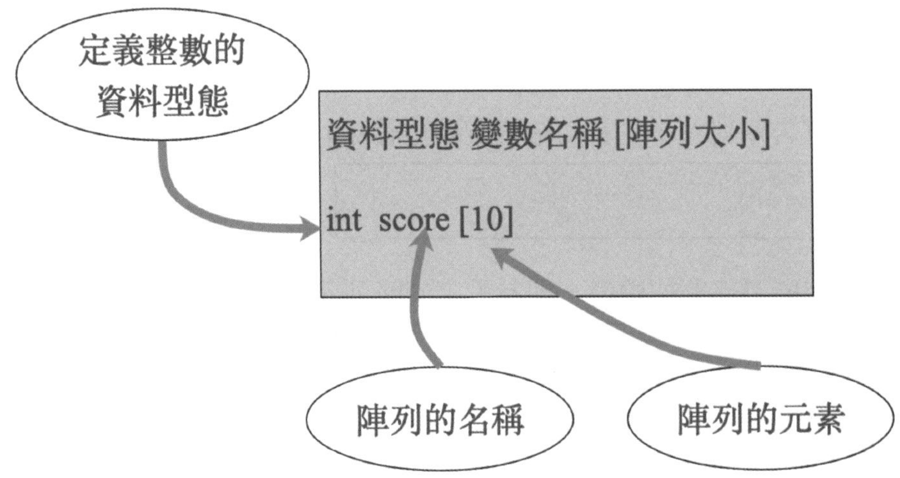

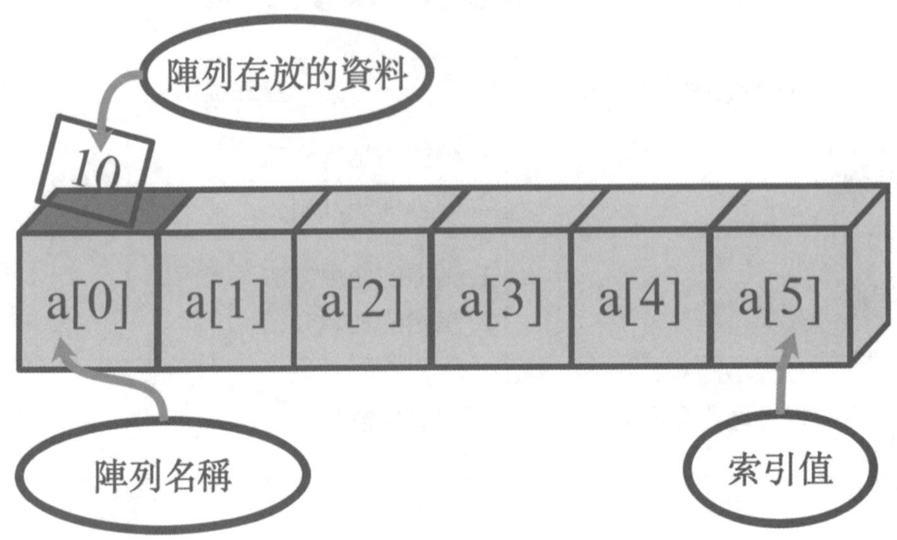

(二) **陣列元素初始化的說明**

陣列宣告後，可以用等號「=」直接給予陣列元素初始值，這種過程，就叫做「初始化」，初始化的動作，可以清除連續記憶體中殘存的舊資料。以下的範例就是先將int a[]陣列，給予初始值：a[0] = 1， a[1]=2 ，a[2] = 3， a[3]=4。初始化的方式有多種可以使用，以下列舉說明：

1. 宣告與初始化合併：

```
int a[4] = {1,2,3,4};
```

2. 宣告與初始化合併時，陣列的大小可以省略，編譯時會以初值的個數多少，來設定陣列大小。

```
int a[] = {1,2,3,4};
```

3. 若已經宣告陣列大小，其初始值皆要預設為0：

```
int a[4] = {0};
```

4. 如果只有給予部分初始值，則為設定的陣列元素自動預設為0：

```
int a[4] = {1,2};
a[2] = 0;
a[3] = 0;
```

小教室

C 語言處理字串方式

因為C語言沒有字串的型態，所以處理字串資料時，就會以字元方式處理。

範例：

```
char greeting [] = {'H','e','l','l','o','!'};
```

或是

```
char greeting [] = {"Hello"};
```

(三) 陣列程式範例（存取陣列資料元素）

1. 存取陣列的元素，並利用運算來改變元素的值。

```
int a[] = {1,2,3,4,5}
int num = 13, total;
a[0] = 55;
a[1] = a[0] + num;
total = a[1] + a[0]
a[2] = total;
a[3] = a[0] * a[4];
```

顯示運算完後之結果：

```
a[0] = 55
a[1] = 68
a[2] = 123
a[3] = 275
a[4] = 5
```

2. 透過迴圈來存取陣列的元素，以下舉例說明。

```c
#include <stdio.h>
#include <stdlib.h>

int main(int argc, char *argv[])
{
    int a[] = {1,2,3,4};
    int i;
    int sum = 0;

    for(i=0;i<4;i++)
    {
        a[i] = a[i] * 3;
        sum += a[i];
        printf("乘以3之後 a[%d] = %d\n",i, a[i]);
    }

    system("Pause");
}
```

```
乘以3之後 a[0] = 3
乘以3之後 a[1] = 6
乘以3之後 a[2] = 9
乘以3之後 a[3] = 12
```

二、二維陣列(array)的架構說明

(一) 二維陣列的說明

當資料類型不是只有一種時，就需要二維，或是多維陣列來儲存資料。二維陣列的宣告格式如下圖：

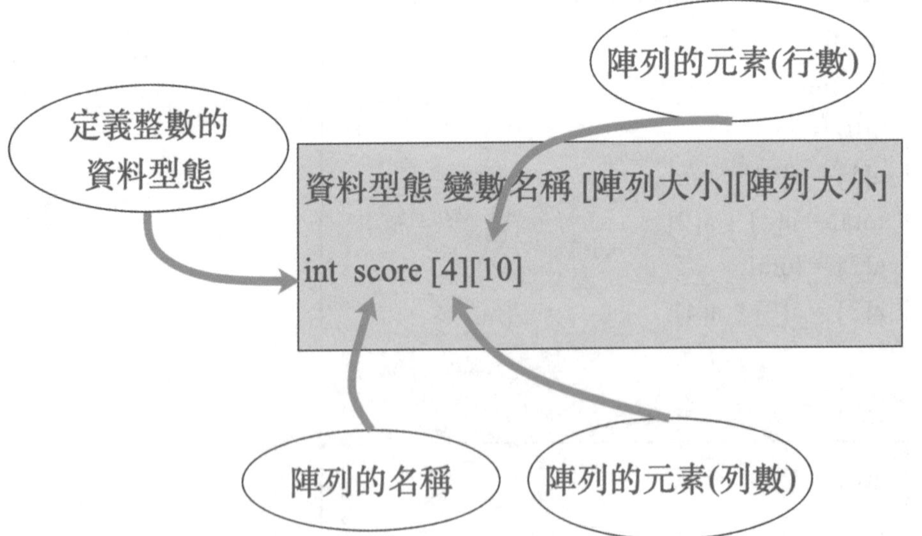

(二) 二維陣列初始化說明

二維陣列會有行數跟列數的宣告，跟表格有點像，其宣告方式以及初始值的設定，說明如下：

1. 宣告陣列並給予初始化的資料：

```
int score[2][3] ;
score[0][0] = 46; score[0][1] = 76; score[0][2] = 86;
score[1][0] = 92; score[0][1] = 73; score[0][2] = 66;
score[2][0] = 76; score[0][1] = 82; score[0][2] = 92;
```

2. 宣告陣列並給予初始化的資料，第一維的陣列可以省略宣告大小，編譯時會以初值的個數多少，來設定陣列大小。

```
int score[2][3] = {{46,76,86},{92, 73,66},{76,82,92}};
```

```
int score[][3] = {{46,76,86},{92, 73,66},{76,82,92}};
```

(三) 二維陣列程式範例

透過寫程式來練習二維陣列的寫法以及顯示正確結果，以下舉例說明。

1. **題目**：學生成績如下：計算個人的總分以及平均。

座號	國文	英文	數學	總分	平均
1	61	77	81		
2	88	59	53		
3	77	51	45		

```
#include <stdio.h>
#include <stdlib.h>

int main(int argc, char *argv[])
{
    int student[4][7] =
    {{0,0,0,0,0,0},
    {1,61,77,81,0,0},
    {2,88,59,53,0,0},
    {3,77,51,45,0,0}};
    int i,j,k;
    const int stdnum = 3;
    int sum = 0;
    int avg = 0;

    printf("\n ======學生成績管理系統=======\n");
    printf("   No   chin   eng   math sum     avg\n");
    for (i=1;i<stdnum+1;i++)
    {
        //student[j][4]=0;
        sum =0;
        avg =0;
        for (j=0;j<4;j++)
        {
            printf("%5d",student[i][j]);
            sum = sum + student[i][j];
        }
        avg = sum/3;
        printf("%6d",sum);
        printf("%6d",avg);
        printf("\n");
    }

    return 0;
}
```

```
======學生成績管理系統=======
   No  chin   eng  math  sum     avg
    1    61    77    81   220     73
    2    88    59    53   202     67
    3    77    51    45   176     58
```

2. **題目**：學生成績如下：計算個人的總分以及各科平均。

座號	國文	英文	數學	總分
1	61	77	81	
2	88	59	53	
3	77	51	45	
平均				

```
#include <stdio.h>
#include <stdlib.h>

int main(int argc, char *argv[])
{
    int no[3] = {1,2,3};
    int score[3][3] = {{61,77,81},{88,59,53},{77,51,45}};
    int i,j;
    int sum = 0;
    printf("\n ======學生成績管理系統=======\n");
    printf("No     chin     eng     math     sum\n");
    for (i=0;i<3;i++)
    {
        printf("\n %d", no[i]);
        for (j=0;j<3;j++)
        {
            printf("\t%d",score[i][j]);
            sum = sum + score[i][j];
        }
        printf("\t%d",sum);
        printf("\n");
    }
    printf("avg");
    for (j= 0; j<3; j++)
    {
        int avg = 0;
        for (i=0;i<3;i++)
        {
            avg += score[i][j];
        }
        printf("\t%d",avg/3);
    }
    printf("\n");
    return 0;
}
```

```
======學生成績管理系統=======
No      chin    eng     math    sum

1       61      77      81      219

2       88      59      53      419

3       77      51      45      592
avg     75      62      59
```

三、字元陣列(array)的架構說明

(一) 說明

當宣告的陣列資料型態是char時，我們稱之為字元陣列。**英文跟中文**的字元陣列，分別佔用**記憶體1以及2的位元組**，同時系統會自動在字元陣列最後位置加上結束字元（\0）。說明如下圖：

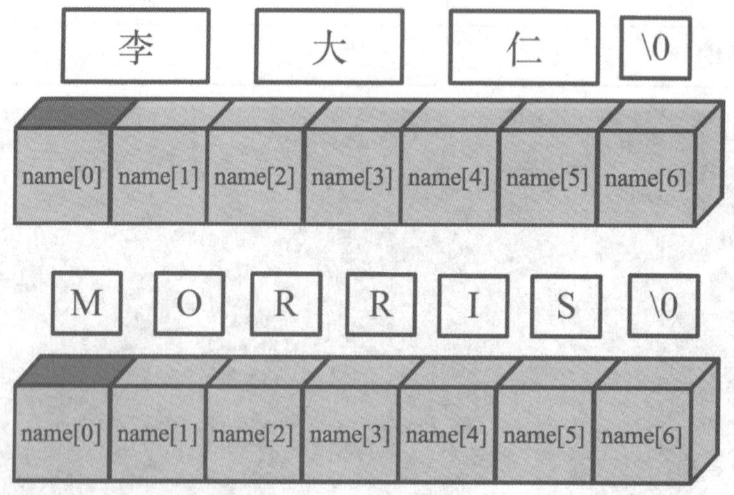

(二) 程式碼範例

透過寫程式來練習字元陣列的寫法以及顯示正確結果，以下舉例說明。

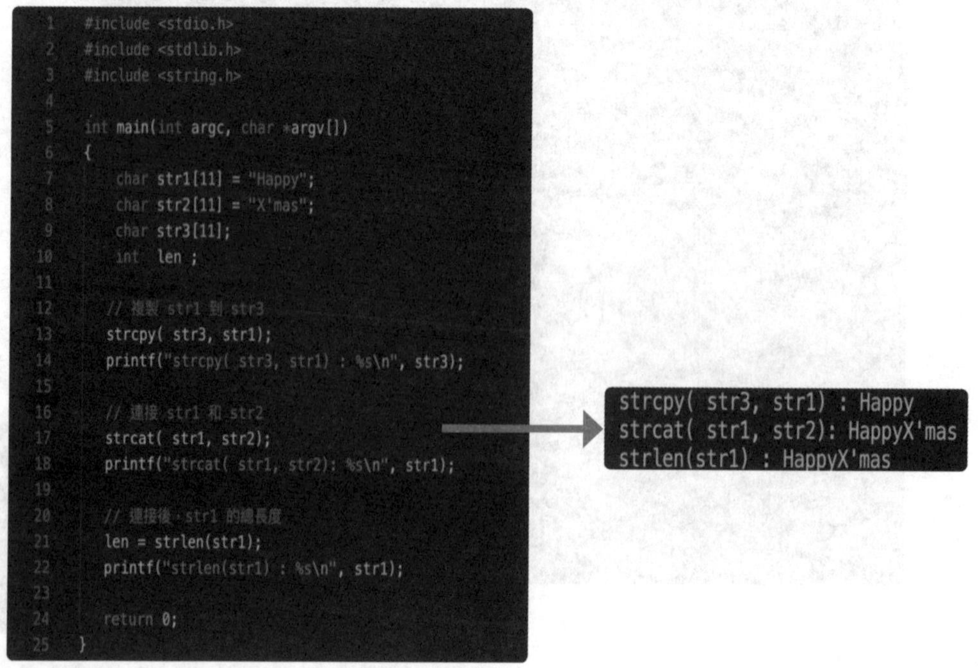

```
#include <stdio.h>
#include <stdlib.h>
#include <string.h>

int main(int argc, char *argv[])
{
    char str1[11] = "Happy";
    char str2[11] = "X'mas";
    char str3[11];
    int  len ;

   // 複製 str1 到 str3
   strcpy( str3, str1);
   printf("strcpy( str3, str1) : %s\n", str3);

   // 連接 str1 和 str2
   strcat( str1, str2);
   printf("strcat( str1, str2): %s\n", str1);

   // 連接後，str1 的總長度
   len = strlen(str1);
   printf("strlen(str1) : %s\n", str1);

   return 0;
}
```

```
strcpy( str3, str1) : Happy
strcat( str1, str2): HappyX'mas
strlen(str1) : HappyX'mas
```

小教室

常用的字串處理函式

標頭檔	語法	範例
<strlen>	strlen(const char*str) 傳回字串長度,不包含'\0'	char str1[] = "ABC"; printf("%d", strlen(str1)); //3
<strcpy>	char*strcpy (char*dest, const char*src) 將字串src內容複製到字串dest。	char str1[] = "ABC"; char str2[] = "123"; strcpy(str1, str2) printf("%s", str1); //123
<strcat>	char*strcat(char*dest, const char*src) 將字串src內容連接到字串dest之後，傳回dest字串內容。	char str1[] = "ABC"; char str2[] = "123"; strcat(str1, str2) printf("%s", str1); //ABC123

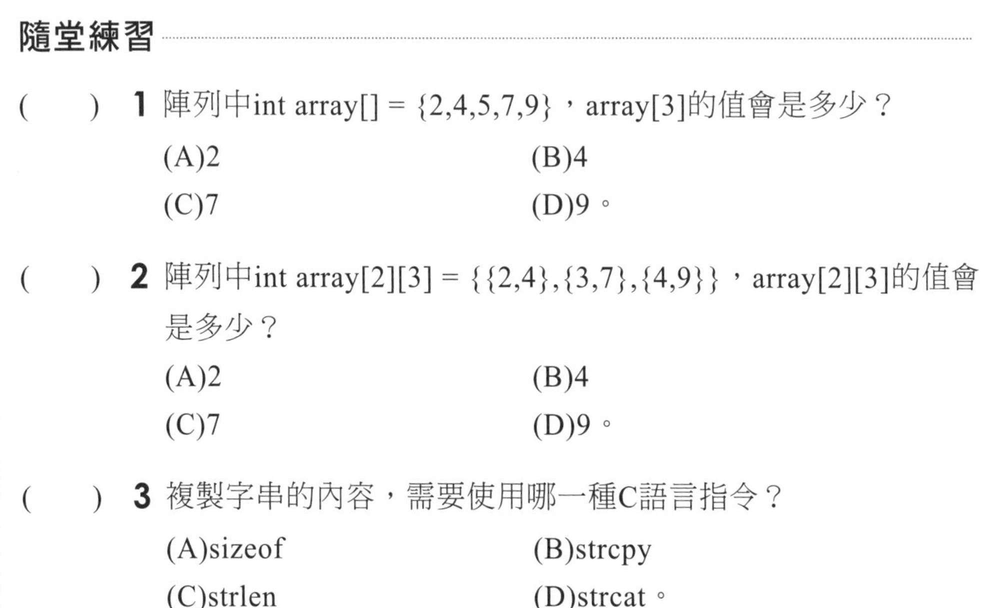

隨堂練習

(　　) **1** 陣列中int array[] = {2,4,5,7,9}，array[3]的值會是多少？

(A)2　(B)4

(C)7　(D)9。

(　　) **2** 陣列中int array[2][3] = {{2,4},{3,7},{4,9}}，array[2][3]的值會是多少？

(A)2　(B)4

(C)7　(D)9。

(　　) **3** 複製字串的內容，需要使用哪一種C語言指令？

(A)sizeof　(B)strcpy

(C)strlen　(D)strcat。

( ) **4** 串連兩個字串的內容，需要使用哪一種C語言指令？

(A)sizeof (B)strcpy

(C)strlen (D)strcat。

( ) **5** 計算字串的長度，不包含「\0」，需要使用哪一種C語言指令？

(A)sizeof (B)strcpy

(C)strlen (D)strcat。

( ) **6** 計算下列陣列 int array[5]的記憶體空間，需要多少bytes？

(A)5 (B)20

(C)50 (D)21。

( ) **7** 計算下列陣列 char array[5]的記憶體空間，需要多少bytes？

(A)5 (B)20

(C)50 (D)21。

( ) **8** 計算下列陣列 float array[7]的記憶體空間，需要多少bytes？

(A)5 (B)28

(C)7 (D)21。

( ) **9** 計算下列陣列 int array[7]，可以存放多少的元素，以及需要多少bytes的記憶體？

(A)7, 7 (B)7, 28

(C)7, 21 (D)21,7。

( ) **10** 計算下列陣列 char array[15]= "welcome dude!"， array[13]以及array[14]？

(A)!, \n (B)", \0

(C)!, \0 (D)e, \n。

( ) **11** 今有一3×4的陣列a，陣列宣告為整數型態，若目前a[0][1]在記憶體位址是92，則a[1][3]的記憶體位址為何？

(A)120 (B)116

(C)112 (D)104。

答 **1** (C) **2** (D) **3** (B) **4** (D) **5** (C) **6** (B) **7** (A) **8** (B) **9** (B) **10** (C) **11** (B)

7-2 指標（pointer）

一、指標（pointer）的觀念說明

(一) 指標觀念說明

指標是C語言的衍生別之一，指標的值並非資料本身，而是另一塊記憶體的**虛擬位址**（address）。我們可利用指標間接存該指標所指向的記憶體的值。指標的宣告跟一般變數不同，需要在變數名稱前面多加一個「**指位運算子**，dereference operator，'*'」區隔此變數是指標而非變數，產生指標後，需要使用「**取址運算子**，reference operator，'&'」來將資料指定給相關變數。說明如下圖：

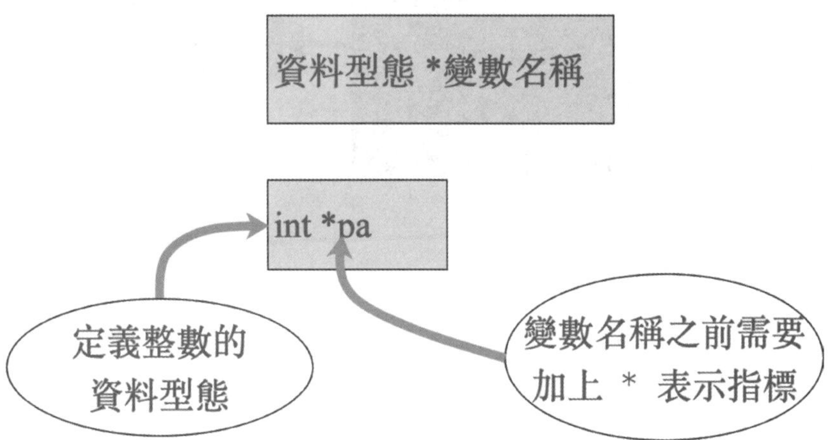

(二) 指標說明的時機點

1. 函式傳回一個以上的回傳值時。
2. 函式傳回整個陣列時。
3. 利用指標可以減少字串以及陣列的複製以及搬移。
4. 可以移動指標的位置，來存取不同位址的資料。
5. 指標的變數，可以動態的配置記憶體，不需事先宣告，比較有彈性。

(三) 指標變數的使用

1. **指標變數的宣告：**

用來存放指標的變數，我們稱之為**指標變數**（Pointer Variable），跟其他變數一樣，宣告時系統會配置相關的記憶體來存放變數的內容，不同的是指標變數的型別，是指標，也就是**位置**。

```
int x = 15, *ptr;
→宣告變數x為整數，同時給予初始值15
→宣告ptr是一個整數資料類別的指標
ptr = &x;
→相x的位置，指向指標變數ptr
```

2. **範例說明如下：**

```
#include <stdio.h>
#include <stdlib.h>

int main(int argc, char *argv[])
{

    int x =15, *ptr;
    ptr = &x;
    printf("變數名稱  位址   資料內容\n");
    printf("======== ======== ===========\n");
    printf("x\t %X\t %d\n", &x, x);
    printf("x\t %X\t %X\n", &ptr, ptr);

    return 0;
}
```

```
變數名稱  位址      資料內容
======== ========= ===========
x        E61A176C       15
x        E61A1760       E61A176C
```

(四) **指標變數的運算**

1. **指標指定運算（=）：**
   將等號右邊的值給予等號左邊的變數。

```
int a = 100, *ptr1, *ptr2;
ptr1 = &x;
ptr2 = ptr1;
```

2. **指標加減法運算（+/-）：**
   指標的加減法運算，跟其他的變數加減法不同，指標的加減是指記憶體位址的位移，而位移的單位，取決於該資料的資料型態而定。

```
int a[5] = {1,3,5,7,9};
int *ptr = &a;→將指標變數指向陣列a
ptr +=3;→指標位移3的資料長度，因為是整數型態，所以位移4bytes*3=12
         bytes，也就是位移到陣列a[3]的位址。
```

3. **指標差值運算：**

指標的差值運算，就是計算兩個指標間的距離，單位取絕於該資料型態別。

```
int a[5] = {1,3,5,7,9};
int div, *ptr = &a;
ptr2 = a[3];
ptr1 = a[1];
div = ptr2 – ptr1;→div = 2
```

4. **指標遞增遞減運算：**

指標的遞增與遞減，其實跟加減原理一樣，用來位移指標的位址。

```
a = *ptr++→先取得ptr位址的內容，再往右位移
a = *++ptr→先往右位移，再取得ptr位址的內容
```

(五) **透過寫程式來練習指標的寫法以及顯示正確結果，以下舉例說明。**

```
#include <stdio.h>
#include <stdlib.h>

int main(int argc, char *argv[])
{

    int a=2;
    int *b;
    b = &a;
    printf("%p\n", &a);
    printf("%p\n", b);
    printf("%p\n", &b);
    return 0;
}
```

```
0x7ffee0b1e77c
0x7ffee0b1e77c
0x7ffee0b1e770
```

二、指標與陣列說明

(一) 指標與陣列觀念說明

我們需要先了解陣列的資料結構是，所有陣列元素的名稱都是相同的，**記憶體配置**也是**連續的**，所以在取陣列的指標時，是不需要使用'&'的。以下圖示說明：

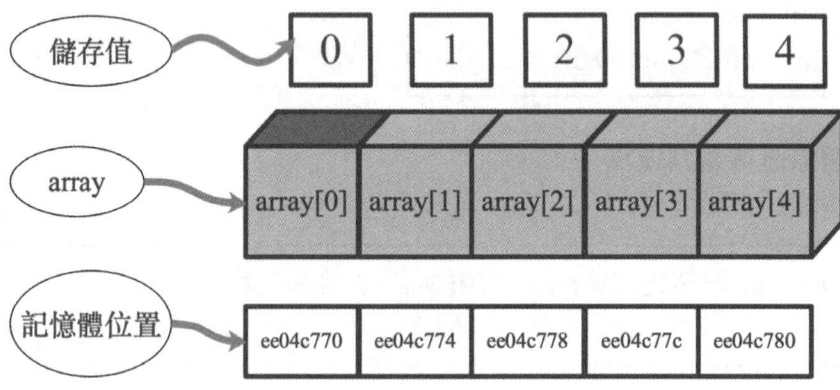

(二) 指標陣列用法說明

1. 使用語法-1：

```
指標變數 = 陣列名稱;
```

2. 使用語法-2：

```
指標變數 = &陣列名稱[n];
```

(三) 指標陣列用法範例說明

1. **一維陣列**：陣列在compiler階段都會被轉成指標，當看到a[1]的時候就從a的位址加上1個integer的size，如果看到*(a + 1)那行為也會一樣。

```
int a[3] = {1,3,5};
printf("%d", a[1]);→20
printf("%d", *(a + 1));→20
```

2. **二維陣列：**

```
int array[3][2] = {{10, 20}, {30, 40}, {50, 60}};
int *b = array[0];
printf("array[0][0] = %d\n", array[0][0]);→10
printf("array[0][1] = %d\n", array[0][1]);→20
printf("array[1][1] = %d\n", array[1][1]);→40
printf("array[2][1] = %d\n", array[2][1]);→60
printf("*(b + 0) = %d\n", *(b + 0)); →10
printf("*(b + 1) = %d\n", *(b + 1)); →20
printf("*(b + 3) = %d\n", *(b + 3)); →40
printf("*(b + 5) = %d\n", *(b + 5)); →60
```

(四) 指標陣列程式範例

透過寫程式來練習指標陣列的寫法以及顯示正確結果，以下舉例說明。

```
#include <stdio.h>
#include <stdlib.h>
#define STD 5
int main(int argc, char *argv[])
{

    int i=0;
    int array[STD];
    for (i=0;i<STD;i++)
    array[i] = i;
    printf("====================\n");
    for(i=0;i<STD;i++)
    printf("array[%d] = %d\n",i,array[i]);

    printf("====================\n");
    for(i=0;i<STD;i++)
    printf("&array[%d] = %p\n",i,&array[i]);

    return 0;
}
```

→

```
====================
array[0] = 0
array[1] = 1
array[2] = 2
array[3] = 3
array[4] = 4
====================
&array[0] = 0x7ffee216a770
&array[1] = 0x7ffee216a774
&array[2] = 0x7ffee216a778
&array[3] = 0x7ffee216a77c
&array[4] = 0x7ffee216a780
```

三、動態配置記憶體空間說明

(一) 觀念說明

一般而言，當我們知道資料量是多少時，我們可以宣告足夠的記憶體配置給程式使用，但是當不清楚時，就需要使用動態的記憶體配置，來滿足程式使用。C語言提供**記憶體動態分配**的函式有：malloc、calloc、realloc，在使用這些函式時必須包含其標頭檔案，分別為：<malloc.h>、<stdlib.h>、<alloc.h>。

malloc與free是C++/C語言的標準庫函式，new/delete是C++的運算子。它們都可以用於申請動態記憶體和釋放記憶體。

一維陣列的C++動態配置宣告如下：

資料型態 * 指標名稱 = new 資料型態 [陣列大小]

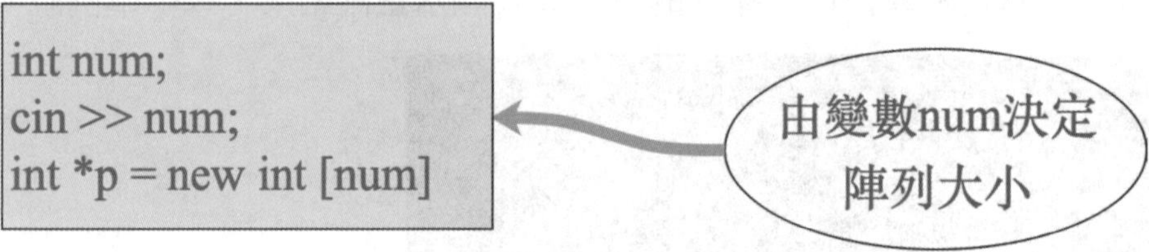

一維陣列的C語言動態配置宣告語法說明如下：

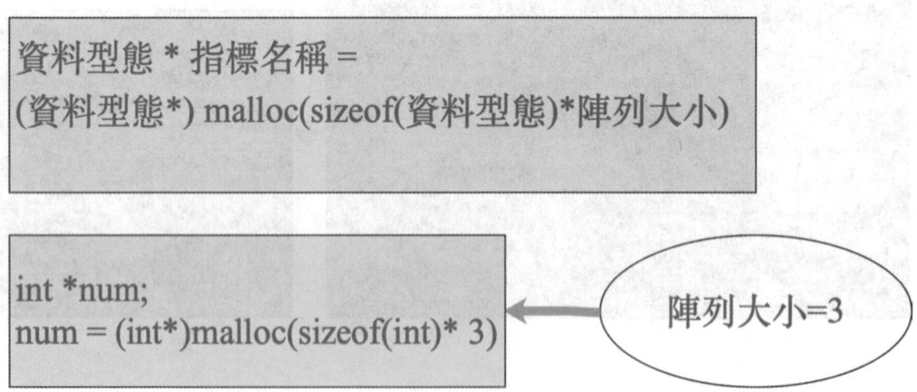

(二)程式碼範例

透過寫程式來練習動態記憶體配置的寫法以及顯示正確結果，以下舉例說明。

```
#include <iostream>
using namespace std;

int main() {
    int *p = new int(38);

    cout << "空間位址：" << p << endl
         << "儲存的值：" << *p << endl;

    *p = 138;

    cout << "空間位址：" << p << endl
         << "儲存的值：" << *p << endl;

    delete p;

    return 0;
}
```

```
空間位址：0x7f8988c059b0
儲存的值：38
空間位址：0x7f8988c059b0
儲存的值：138
```

```
#include <stdio.h>
#include <stdlib.h>
int main(int argc, char *argv[])
{
    int *ptr, i;
    ptr = (int*) malloc(3*sizeof(int));
    *ptr = 12;
    *(ptr + 1)=38;
    *(ptr + 2)=138;

  for (i = 0; i < 3; i++)
  {
    printf("*ptr + %d = %2d\n", i,*(ptr+i));

  }
  free(ptr); // 釋放記憶體空間

  return 0;
}
```

```
*ptr + 0 = 12
*ptr + 1 = 38
*ptr + 2 = 138
```

小教室

二維陣列動態配置補充說明

	語法	範例

<C++>	資料型態（*指標名稱）「列數」＝new資料型態「行數」「列數」	int **p;
		ptr = new int*[10];
		for(int i=0;i<10;i++){
		p[i] = new int [10];
		}

<C語言>	資料型態*指標名稱=(資料型態*) malloc(sizeof(資料型態)*陣列大小)	int **a,*b;
		int m,n;
		a=(int**)malloc(m*sizeof(int*));
		b=(int*)malloc(m*n*sizeof(int));
		for(i=0;i<m;i++,b+=n)
		a[i]=b;

隨堂練習

( ) **1** int a = 3, *ptr;

```
ptr = &a;
a += *ptr + 3;
```

請問在執行上列敘述後變數a等於？

(A)3 (B)6 (C)9 (D)12。

( ) **2** 下列那一個不能用來當作指標變數的初值？

(A)0 (B)-1

(C)null (D)記憶體位址。

(　　) **3** 下列以下敘述何者正確？

(A)指標可以指向變數　　(B)指標可以指向函式

(C)指標可以指向陣列　　(D)以上皆可。

(　　) **4** int a[3] = {1,3,5};

int *ptr = &a;

int b= *++ptr;

請問在執行上列敘述後變數b等於？

(A)1　(B)4　(C)3　(D)5。

(　　) **5** 同上題：改寫以下敘述，請問在執行上列敘述後變數b等於？

int b= *ptr++;

(A)1　(B)4　(C)3　(D)5。

答 **1** (C)　**2** (C)　**3** (D)　**4** (C)　**5** (C)

7-3 陣列與指標應用實例

一、求兩個矩陣相加之方法

(一) 程式說明

使用二維陣列，再利用雙迴圈，就可以同時處理縱向跟橫向的資料。

(二) 程式碼範例

$$\begin{pmatrix} 1 & 2 & 3 \\ 2 & 3 & 4 \end{pmatrix}$$

$$\begin{pmatrix} 1 & 3 & 1 \\ 2 & 4 & 2 \end{pmatrix}$$

(三) 範例解析

1. 先分別利用for迴圈，列出矩陣陣列中的元素。

```
#include <stdio.h>
#include <stdlib.h>
int main(int argc, char *argv[])
{
    int i,j,k;
    const int h=3;
    const int v=2;
    int matrix1 [][3] = {{1,2,3},{2,3,4}};
    int matrix2 [][3] = {{1,3,1},{2,4,2}};
    int define [2][3];

    printf("Matrix 1 \n");
    for (i=0;i<v;i++)
    {
        for(j=0;j<h;j++)
        printf("%4d", matrix1[i][j]);
        printf("\n");
    }

    printf("Matrix 2 \n");
    for (i=0;i<v;i++)
    {
        for(j=0;j<h;j++)
        printf("%4d", matrix2[i][j]);
        printf("\n");
    }

  return 0;
}
```

```
Matrix 1
   1   2   3
   2   3   4
Matrix 2
   1   3   1
   2   4   2
```

2. 再定義一個同樣的陣列，將之前兩個矩陣相加，成為一個新的矩陣資料。

```
for (i=0;i<v;i++)
{
    for(j=0;j<h;j++)
    matrixSum [i][j] = matrix1[i][j]+matrix2[i][j];
}
printf("Matrix Sum \n");
for (i=0;i<v;i++)
{
    for(j=0;j<h;j++)
    printf("%4d", matrixSum[i][j]);
    printf("\n");
}
```

```
Matrix Sum
   2   5   4
   4   7   6
```

3. 將所有的元素進行運算相加。

```
int sum = 0;
for (i=0;i<v;i++)
{
    for(j=0;j<h;j++)
    sum = sum+matrixSum[i][j];
}
printf("矩陣所有元素相加為 =%d\n", sum);
```

```
Matrix Sum
   2   5   4
   4   7   6
矩陣所有元素相加為 =28
```

4. 將加總好的矩陣，進行90度的翻轉，也就是原本[2][3]的陣列，變成[3][2]的陣列。

```
for (i=0;i<h;i++)
{
    for(j=0;j<v;j++)
    matrixSumRot[i][j] = matrixSum[2-j-1][i];
    printf("\n");
}
printf("Matrix Sum 翻轉 \n");
for (i=0;i<h;i++)
{
    for(j=0;j<v;j++)
    printf("%4d", matrixSumRot[i][j]);
    printf("\n");
}
```

```
Matrix Sum 翻轉
   4   2
   7   5
   6   4
```

二、求字串二維陣列之方法

(一) 程式說明

使用二維陣列，再利用雙迴圈，就可以同時處理縱向跟橫向的資料。

(二) 程式碼範例

題目：學生成績如下：

姓名	國文	英文	總分	平均
Jack	77	81		
Karen	59	91		
Henry	83	34		

(三) 範例解析

1. **先使用for迴圈列印出二維陣列的字串跟分數：**

```
#include <stdio.h>
#include <stdlib.h>

int main(int argc, char *argv[])
{
    char STD_Score[][4][6] =
    {{"Jack","77","81",""},
    {"Karen","59","91",""},
    {"Henry","83","34",""}};
    int i,j;

    printf("\n ======學生成績管理系統=======\n");
    printf("Name    chin    eng    \n");
    for (i=0;i<=2;i++)
    {
        //sum int =0;
        for (j=0;j<=3;j++)
        {
            printf("%6s",STD_Score[i][j]);
        }
        printf("\n");
    }

    return 0;
}
```

```
======學生成績管理系統=======
 Name  chin   eng
 Jack    77    81
Karen    59    91
Henry    83    34
```

2. **計算總分以及平均值**：利用for迴圈進行分數的加總，得到總分之後，就可以用運算是求出平均值（字串轉換成數字）。

```c
#include <stdio.h>
#include <stdlib.h>
#include <string.h>

int main(int argc, char *argv[])
{
    char STD_Score[][5][6] =
    {{"Jack","77","81",""},
    {"Karen","59","91",""},
    {"Henry","83","34",""}};
    int i,j;
    int sum, avg;

    for (i=0;i<=2;i++)
    {
        sum  =0;
        for (j=1;j<=3;j++)
        {
            sum = sum+atoi(STD_Score[i][j]);
        }
        avg = sum/2;
        sprintf(STD_Score[i][3], "%d", sum); //數字轉字串
        sprintf(STD_Score[i][4], "%d", avg);
    }
    printf("\n ======學生成績管理系統=======\n");
    printf("Name   chin   eng   sum   avg\n");
    for (i=0;i<=2;i++)
    {
        for (j=0;j<=4;j++)
        {
            printf("%6s",STD_Score[i][j]);
        }
        printf("\n");
    }

    return 0;
}
```

```
======學生成績管理系統=======
 Name  chin   eng   sum   avg
 Jack    77    81   158    79
Karen    59    91   150    75
Henry    83    34   117    58
```

3. **求出國文最高分者**：利用for迴圈進行兩兩比較，如果後者的值大於前者或是目前的最大值，使用strcpy把此陣列的資料給予最大值的陣列儲存，如果後者沒有比前者的值大，就進行下一筆的比較，等到每一筆都比較完，即可以獲得最大的值。

```
#include <stdio.h>
#include <stdlib.h>
#include <string.h>

int main(int argc, char *argv[])
{
    char STD_Score[][4][6] =
    {{"Jack","77","81",""},
    {"Karen","59","91",""},
    {"Henry","83","34",""}};
    int i,j;
    char highest_n[8];
    int highest, highest_temp;
    strcpy(highest_n,STD_Score[0][0]);
    highest = atoi(STD_Score[0][1]);
    for (i=1;i<=2;i++)
    {
        highest_temp = atoi(STD_Score[i][1]);
        if (highest_temp > highest)
        {
            strcpy(highest_n, STD_Score[i][0]);
        }
    }
    printf("國文最高分是 %s, 分數是 %d",highest_n,highest_temp);
    printf("\n ======學生成績管理系統=======\n");
    printf("  Name  chin   eng     \n");
    for (i=0;i<=2;i++)
    {
        //sum int =0;
        for (j=0;j<=3;j++)
        {
            printf("%6s",STD_Score[i][j]);
        }
        printf("\n");
    }
    return 0;
}
```

```
國文最高分是 Henry, 分數是 83
 ======學生成績管理系統=======
  Name  chin   eng
  Jack    77    81
 Karen    59    91
 Henry    83    34
```

4. **求出英文不及格者**：同上一題的原理，找出分數小於60分的陣列資料。

```
#include <stdio.h>
#include <stdlib.h>
#include <string.h>

int main(int argc, char *argv[])
{
    char STD_Score[][4][6] =
    {{"Jack","77","81",""},
    {"Karen","59","91",""},
    {"Henry","83","34",""}};
    int i,j;
    char under_score_n[8];
    int under_score, under_score_temp;
    strcpy(under_score_n,STD_Score[0][0]);
    under_score = atoi(STD_Score[0][2]);
    for (i=1;i<=2;i++)
    {
        under_score_temp = atoi(STD_Score[i][2]);
        if (under_score_temp < 60)
        {
            strcpy(under_score_n, STD_Score[i][0]);
        }
    }
    printf("英文不及格的是 %s, 分數是 %d",under_score_n,under_score_temp);
    printf("\n ======學生成績管理系統=======\n");
    printf("  Name  chin   eng     \n");
    for (i=0;i<=2;i++)
    {
        //sum int =0;
        for (j=0;j<=3;j++)
        {
            printf("%6s",STD_Score[i][j]);
        }
        printf("\n");
    }
    return 0;
}
```

```
英文不及格的是 Henry, 分數是 34
 ======學生成績管理系統=======
  Name  chin   eng
  Jack    77    81
 Karen    59    91
 Henry    83    34
```

三、求陣列的資料排序之方法

根據不同的排序方法，將資料做不同的排序。

(一) 泡沫排序法

從數列中，從第一筆逐一往後，兩兩比較大小，若前者大於後者，則兩者交換（排序從小到大）。

```c
#include <stdio.h>
#include <stdlib.h>
#include <string.h>

int main(int argc, char *argv[])
{
    int num[] = {1, 34, 23, 67, 82, 16};
    int i,j,p_temp;
    const int n=5;
    printf("排序前 ：\n");
    for (i=0;i<=n;i++)
    printf("%5d", num[i]);
    for (i=1;i<=n-1;i++)
    {
        for (j=1;j<=n-1;j++)
        {
            if (num[j] > num[j+1])
            {
                p_temp = num[j];
                num[j] = num[j+1];
                num[j+1] = p_temp;
            }
        }
    }
    printf("\n排序後 ：、\n");
    for (i=0;i<=n;i++)
    {
        printf("%5d", num[i]);
    }
    printf("\n");
    return 0;
}
```

```
排序前 ：
    1   34   23   67   82   16
排序後 ：、
    1   16   23   34   67   82
```

(二) 計數排序法

從數列中，不變換位置，直接給予大小的次序。

```c
#include <stdio.h>
#include <stdlib.h>
#include <string.h>

int main(int argc, char *argv[])
{
    int num[] = {0, 34, 23, 67, 82, 16};
    int rank[6];
    int i,j,p_temp;
    const int n=5;
    printf("原本陣列順序 ：\n");
    for (i=1;i<=n;i++)
    {
        rank[i] = 1;
        printf("%5d", num[i]);
    }
    for (i=1;i<=n-1;i++)
    {
        for (j=i+1;j<=n;j++)
        {
            if (num[i] > num[j])
            {
                rank[j]++;
            }
            else
            {
                rank[i]++;
            }
        }
    }
    printf("\n給排序號 ：、\n");
    for (i=1;i<=n;i++)
    {
        printf("%5d", rank[i]);
    }
    printf("\n");
    return 0;
}
```

```
原本陣列順序 ：
   34   23   67   82   16
給排序號 ：、
    3    4    2    1    5
```

(三) 循序搜尋法

從數列中，從頭開始逐一比對搜尋的方式，稱之為循序搜尋法。

例如客戶手機資料如下表：

編號	姓名	手機號碼
1	林先生	0911123456
2	顧小姐	0922123456
3	王先生	0933123456
4	陳小姐	0944123456
5	孔先生	0955123456

```
#include <stdio.h>
#include <stdlib.h>
#include <string.h>

int main(int argc, char *argv[])
{
    char Info[6][12][11] =
    {{"林先生","0911123456"},
    {"顧小姐","0922123456"},
    {"王先生","0933123456"},
    {"陳小姐","0944123456"},
    {"孔先生","0955123456"}};

    int i, FD=0;
    char name[13];
    printf("請輸入名字稱謂： ");
    scanf("%s", &name);
    printf("%s", name);

    for (i=1;i<=5;i++)
    {
        if (strcmp(Info[i][0], name )==0)
        {
            FD=1;
            break;
        }
    }
    if (FD ==1)
    printf("手機號碼是 :%s\n", Info[i][1]);
    else
    {
        printf("無資料\n");
    }

    return 0;
}
```

```
請輸入名字稱謂： 顧小姐
顧小姐手機號碼是 :0922123456
```

```
請輸入名字稱謂： 陳先生
陳先生無資料
```

(四) 二分搜尋法

從數列中，先把資料排序過，再進行搜尋，稱之為二分搜尋法。此範例是先按照大小輸入資料後，再經由輸入的資料判別順序。

```
#include  <stdio.h>
#include  <stdlib.h>
int  main (  )
{
    int i , S ;
    int score [ 10 ];
    printf ( "從低到高輸入成績（以空格分隔），\n " );
    printf ( "請輸入0結束輸入！\n " );
    for ( i = 0 ; i < 10 ; i ++) {
        scanf ( "%d" ,& score [ i ]);
        if ( score[ i ]== 0 )  break ;
    }
    printf ( "名次查詢（輸入0結束查詢）：\n " );
    int L , R , mid , R0 = i ;
    do {
        printf ( "請輸入要查詢的成績：\n" );
        scanf ( "%d" ,& S );
        if ( S == 0 )  break ;
        L = 1 ; R = R0 ;
        while ( L <= R ) {
            mid =( L + R )/ 2 ;
            printf ( "%d %d %d \n " , L , mid , R );
            if ( score [ mid -1 ]== S )  break ;
            if ( score [ mid -1 ]> S ) R = mid -1 ;
            else  if ( score [ mid -1 ]< S ) L = mid +1 ;
                printf ( "%d A %d \n\n " , L , R );
        }
        if ( score [ mid -1 ]== S )
            printf ( "%d \n " , mid );
        else
            printf ( "未找到該成績！" );
    } while ( S != 0 );
    system ( "pause" );
    return  0 ;
}
```

```
從低到高輸入成績（以空格分隔），
 請輸入0結束輸入！
 34 56 78 89 91 0
名次查詢（輸入0結束查詢）：
 請輸入要查詢的成績：
78
1 3 5
 3
 請輸入要查詢的成績：
44
1 3 5
 1 A 2

 1 1 2
 2 A 2

 2 2 2
 2 A 1

 未找到該成績！請輸入要查詢的成績：
```

小教室

C語言輸出格式說明

輸出入格式符號	說明
%d	整數
%f	浮點數
%c	字元
%s	自串
%e	科學符號
%u	不帶符號10進位整數
%o	8進位整數
%x	16進位整數
%p	位址

考前實戰演練

( ) **1** 陣列共有8列6行資料，若採「以行為優先」（Column – major）的方式儲存在記憶體中，且陣列的起始位址為20。假設陣列中每項資料佔2個記憶單位，則第3列第4行的位址為何？

(A)70　　(B)72

(C)74　　(D)76。

( ) **2** 下列各種資料結構中，何者對於資料之存取係以「先進後出」為其特徵？

(A)陣列（Array）　　(B)串列（List）

(C)佇列（Queue）　　(D)堆疊（Stack）。

( ) **3** 假設一個一維陣列的起始位址為1024，且每個陣列元素佔用4個bytes，請問第50個元素的位址為何？

(A)1073　　(B)1074

(C)1220　　(D)1224。

( ) **4** 下列哪一種資料型態是處理一序列中具有相同型態的資料？

(A)字元　　(B)陣列

(C)浮點數　　(D)布林數。

( ) **5** 有關C語言陣列（Array）的敘述，下列何者錯誤？

(A)陣列在程式執行階段不可以改變其大小

(B)支援檢查所使用陣列之位址/索引(Index)是否超出宣告範圍

(C)在函數間使用位址/指標傳遞陣列變數

(D)陣列元素內容可以儲存其他陣列的位址。

( ) **6** 下列C語言，何者不是宣告一個指標變數？

(A)int p;　　(B)int *p;

(C)int **p;　　(D)int ***p;。

( ) **7** 下列何者為C++語言的內建指標，它將自動被傳遞給類別中所有非靜態函數？

(A)new (B)sub

(C)super (D)this。

( ) **8** 請問執行下列C程式碼，其輸出為何？

```
#include <stdio.h>
int main(void)
{
int ary[3] [4] ;
int i, j ;
for(i=0; i<3; i++){
for( j=0; j<4; j++){ ary[i] [j] =(i+1)*(j+1);
} }
printf("%d", ary[2] [3]+ary[1] [2]);
return 0;}
```

(A)15 (B)16

(C)17 (D)18。

( ) **9** C語言的break Statement，不能使用在以下何者敘述？

(A)for (B)if

(C)switch (D)while。

( ) **10** C++程式部分原始碼如下，執行結果應為何？

```
for ( int i=0; i<5; ++i ) cout << i<<",";
```

(A)0,0,0,0,0, (B)0,1,2,3,4,

(C)1,2,3,4,5, (D)0,1,2,3,4,5,。

(　　) **11** 若A[][]是一個MxN的整數陣列，下列程式片段用以計算A陣列每一列的總和，以下敘述何者正確？

```
void main () {
int rowsum = 0;
for (int i=0; i<M; i=i+1) {
    for (int j=0; j<N; j=j+1) {
    rowsum = rowsum + A[i][j];}
    printf("The sum of row %d is %d.\n", i, rowsum); }
}
```

(A)第一列總和是正確，但其他列總和不一定正確
(B)程式片段在執行時會產生錯誤（run-time error）
(C)程式片段中有語法上的錯誤
(D)程式片段會完成執行並正確印出每一列的總和。

(　　) **12** 若A[1]、A[2]，和A[3]分別為陣列A[]的三個元素（element），下列那個程式片段可以將A[1]和A[2]的內容交換？
(A)A[1] = A[2]; A[2] = A[1];
(B)A[3] = A[1]; A[1] = A[2]; A[2] = A[3];
(C)A[2] = A[1]; A[3] = A[2]; A[1] = A[3];
(D)以上皆可。

(　　) **13** 右側程式擬找出陣列A[]中的最大值和最小值。不過，這段程式碼有誤，請問A[]初始值如何設定就可以測出程式有誤？
(A){90,80,100}
(B){80,90,100}
(C){100,90,80}
(D){90,100,80}。

```
int main () {
int M = -1, N = 101, s = 3;
int A[] = ______?______;
    for (int i=0; i<s; i=i+1) {
        if (A[i]>M) {
          M = A[i]; }
        else if (A[i]<N) {
          N = A[i];
} }
printf("M = %d, N = %d\n", M, N);
return 0;
}
```

考前實戰演練

( ) **14** 下面哪組資料若依序存入陣列中，將無法直接使用二分搜尋法搜尋資料？

(A)a, e, i, o, u (B)3, 1, 4, 5, 9

(C)10000, 0, -10000 (D)1, 10, 10, 10, 100。

( ) **15** 右側主程式執行完三次G()的呼叫後，p陣列中有幾個元素的值0？

(A)1

(B)2

(C)3

(D)4。

```
int K (int p[], int v) {
    if (p[v]!=v) {
        p[v] = K(p, p[v]);
    }
    return p[v];
}
void G (int p[], int l, int r) {
    int a=K(p, l), b=K(p, r);
    if (a!=b) {
p[b] = a; }
}
int main (void) {int p[5]={0, 1, 2, 3, 4};
G(p, 0, 1);
G(p, 2, 4);
G(p, 0, 4);
return 0;
}
```

( ) **16** 右側程式片段執行後，count的值為何？

(A)36

(B)20

(C)12

(D)3。

```
int maze[5][5]= {{1, 1, 1, 1, 1},{1, 0, 1, 0, 1},
                 {1, 1, 0, 0, 1},{1, 0, 0, 1, 1},
                 {1, 1, 1, 1, 1} };
int count=0;
for (int i=1; i<=3; i=i+1) {
for (int j=1; j<=3; j=j+1) {
int dir[4][2] = {{-1,0}, {0,1}, {1,0}, {0,-1}};
for (int d=0; d<4; d=d+1) {
    if (maze[i+dir[d][0]][j+dir[d][1]]==1)
      {count = count + 1;
}}
}}
```

( ) **17** 若宣告一個字元陣列char str[20] = "Hello world!"; 該陣列str[12]值為何？

(A)未宣告 (B)\0

(C)! (D)\n。

( ) **18** 右側程式片段執行過程的輸出為何？

(A)44

(B)52

(C)54

(D)63。

```
int i, sum, arr[10];
for (int i=0; i<10; i=i+1)
        arr[i] = i;
sum = 0;
for (int i=1; i<9; i=i+1)
sum = sum - arr[i-1] + arr[i] + arr[i+1];
printf ("%d", sum);
```

( ) **19** 右列程式片段中，假設a,a_ptr和a_ptrptr這三個變數都有被正確宣告，且呼叫G()函式時的參數為a_ptr及a_ptrptr。G()函式的兩個參數型態該如何宣告？

(A)(a) *int, (b) *int

(B)(a) *int, (b) **int

(C)(a) int*, (b) int*

(D)(a) int*, (b) int**。

```
void G ( (a) a_ptr, (b) a_ptrptr) { ...
}
void main () {
    int a = 1;
// 加入 a_ptr, a_ptrptr 變數的宣告 ...
    a_ptr = &a;
    a_ptrptr = &a_ptr;
    G (a_ptr, a_ptrptr);
}
```

(　　) **20** 請問右側程式輸出為何？
(A)1
(B)4
(C)3
(D)33。

```
int A[5], B[5], i, c; ...
for (i=1; i<=4; i=i+1)
{A[i] = 2 + i*4;B[i] = i*5;}
c = 0;for (i=1; i<=4; i=i+1)
{
        if (B[i] > A[i])
        {c = c + (B[i] % A[i]);
        }else
        {c = 1; }
}printf ("%d\n", c);
```

(　　) **21** 右側程式片段主要功能為：輸入六個整數，檢測並印出最後一個數字是否為六個數字中最小的值。然而，這個程式是錯誤的。請問以下哪一組測試資料可以測試出程式有誤？
(A)11 12 13 14 15 3
(B)11 12 13 14 25 20
(C)23 15 18 20 11 12
(D)18 17 19 24 15 16。

```
#define TRUE 1
#define FALSE 0
int d[6], val, allBig;
...for (int i=1; i<=5; i=i+1) {
scanf ("%d", &d[i]); }
scanf ("%d", &val);
allBig = TRUE;
for (int i=1; i<=5; i=i+1) {
if (d[i] > val) { allBig = TRUE; }
else { allBig = FALSE; } }
if (allBig == TRUE) {
printf ("%d is the smallest.\n", val); }
else {printf ("%d is not the smallest.\n", val);
} }
```

(　　) **22** 經過運算後，右側程式的輸出為何？
(A)1275
(B)20
(C)1000
(D)810。

```
for (i=1; i<=100; i=i+1)
{ b[i] = i; }
a[0] = 0;
for (i=1; i<=100; i=i+1) {
a[i] = b[i] + a[i-1]; }
printf ("%d\n", a[50]-a[30]);
```

(　　) **23** 定義a[n]為一陣列(array)，陣列元素的指標為0至n-1。若要將陣列中a[0]的元素移到a[n-1]，右側程式片段空白處該填入何運算式？

(A)n+1

(B)n

(C)n-1

(D)n-2。

```
int i, hold, n; ...
for (i=0; i<= hold = a[i];
a[i] = a[i+1]; a[i+1] = hold;
}
```

(　　) **24** 大部分程式語言都是以列為主的方式儲存陣列。在一個8x4的陣列(array)A裡，若每個元素需要兩單位的記憶體大小，且若A[0][0]的記憶體位址為108（十進制表示），則A[1][2]的記憶體位址為何？

(A)120　　(B)124

(C)128　　(D)以上皆非。

(　　) **25** 右側程式碼執行後輸出結果為何？

(A)2 4 6 8 9 7 5 3 1 9

(B)1 3 5 7 9 2 4 6 8 9

(C)1 2 3 4 5 6 7 8 9 9

(D)2 4 6 8 5 1 3 7 9 9。

```
int a[9] = {1, 3, 5, 7, 9, 8, 6, 4, 2};
int n=9, tmp;
for (int i=0; i<n; i=i+1) {
    tmp = a[i];
    a[i] = a[n-i-1];
    a[n-i-1] = tmp;
}
for (int i=0; i<=n/2; i=i+1)
printf ("%d %d ", a[i], a[n-i-1]);
```

( ) **26** 給定一個1x8的陣列A，A={0,2,4, 6, 8, 10, 12, 14}。右側函式Search(x)真正目的是找到A之中大於x的最小值。然而，這個函式有誤。請問下列哪個函式呼叫可測出函式有誤？
(A)Search(-1)
(B)Search(0)
(C)Search(10)
(D)Search(16)。

```
int A[8]={0, 2, 4, 6, 8, 10, 12, 14};
int Search (int x) {
    int high = 7;
    int low = 0;
    while (high > low) {
        int mid = (high + low)/2;
        if (A[mid] <= x) {
low = mid + 1; }
        else {
            high = mid;
}}
    return A[high];
}
```

( ) **27** 若A是一個可儲存n筆整數的陣列，且資料儲存於A[0]~A[n-1]。經過右側程式碼運算後，以下何者敘述不一定正確？
(A)p是A陣列資料中的最大值
(B)q是A陣列資料中的最小值
(C)q<p
(D)A[0]<=p

```
int A[n]={ ... };
int p = q = A[0];
for (int i=1; i<n; i=i+1) {
    if (A[i] > p)
        p = A[i];
    if (A[i] < q)
        q = A[i];
}
```

Unit 8 公用函式及函式

章節名稱	重點提示
8-1 公用函式	1. 函式基本觀念 2. 公用函式介紹
8-2 函式	1. 自訂函式基本觀念 2. 自訂函式介紹
8-3 函式應用實例	經典範例解析

8-1 公用函式

一、函式的基本觀念說明

一般而言，函式可以分為**公用函式**（Library Function）以及**自訂函式**（User Defined Function）。公用函式主要是由C/C++提供預設的內建函式，當有需要使用時，可以利用「#include」將需要的函式庫引用，還不需要自行撰寫，簡單的說，就是有人幫您寫好常用的函式庫，只需要引用，可以專注在其他實作的核心功能上。如下圖說明：

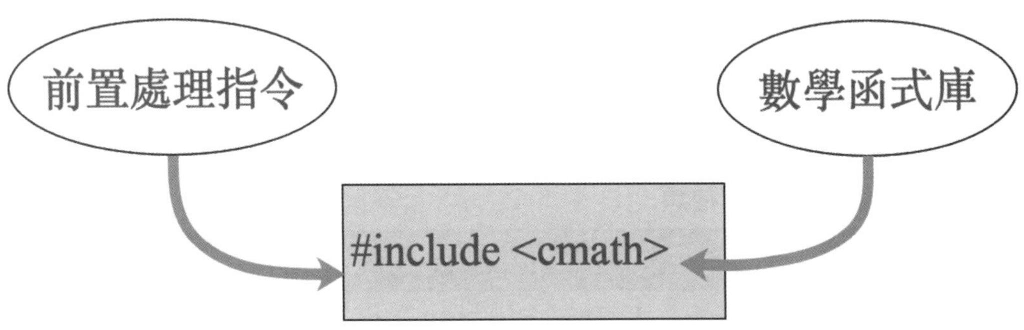

(一) C語言的函式庫種類

函式庫種類	說明
標準輸出輸入函數 (stdio.h)	主要處理資料的輸入以及輸出。 例如： int fprintf(FILE* stream, const char* format, ...)：將格式化字串寫入檔案串流。
字元檢查函數 (ctype.h)	主要是檢查字元的型態。 例如： int iscntrl(int c)：是否是ASCII控制字元。
字串函數 (string.h)	主要是處理字串的運算及應用。 例如： char* strcpy(char* s, const char* ct)：將字串ct複製到字串s。
數學函數 (math.h)	主要定義常用的數學公式運算。 例如： double sqrt(double x)：參數x的平方根。
日期／時間函數 (time.h)	主要定義常用的日期時間公式運算。 例如： double difftime(time_t time2, time_t time1)：傳回參數 time2 和 time1 的時間差，即 time2-time1。
工具函數 (stdlib.h)	主要定義常用的資料型態轉換運算。 int atoi(const char* s)：將參數字串s轉換成整數，如果字串不能轉換傳回0。

(二) C++語言的函式庫種類

函式庫種類	說明
基本輸出輸入函數 (iostream)	主要處理資料的輸入以及輸出。 例如： cin 接收鍵盤的輸入 cout 顯示輸入的資料

函式庫種類	說明
字元檢查函數 (cctype)	主要是檢查字元的型態。 例如： isalpha()；判斷是否為字母
字串函數 (string)	可以使用這個類別來建立字串，便於進行高階的字串操作。 例如： string str2 = "homeland"; string str3(str2);。
數學函數 (cmath)	主要定義常用的數學公式運算。 例如： int abs(int n) 求n的絕對值。
日期／時間函數 (ctime)	主要定義常用的日期時間公式運算。 例如： time_t curtime;。 current time = Tue Dec 22 08:51:14 2020
輸出／輸入格式函數 (iomanip)	io代表輸入輸出，manip是manipulator（操縱器）。主要是對cin,cout之類的一些操縱運算元（setfill,setw,setbase,setprecision）等等。它是I/O流控製頭檔案，就像C裏面的格式化輸出一樣。 例如： hex 置基數為16相當於"%X"。

小教室

ASCII 的特殊字元

整數值	字元表示方式	字元名稱
0	'\0'	空格
7	'\a'	響鈴

整數值	字元表示方式	字元名稱
8	'\b'	退格
9	'\t'	標示
10	'\n'	新列
12	'\f'	送表
13	'\r'	回轉
34	'\"'	雙引號
39	'\''	單引號
92	'\\'	倒斜線

二、數值函式說明

程式中為了顯示期望的結果，可以使用相關的**數值**函示，來簡化程式的運算。

(一) 常用數值函式簡介

函式名稱	語法說明	範例說明
abs 絕對值	int abs (int x);	abs(-3.7) = 3;
trunc 去掉小數值	double trunc(double a)	trunc(3.7) = 3;
round 四捨五入	double round(double a)	round(3.7) = 4;
ceil 無條件進位	double ceil(double a)	ceil(3.7) = 4;
floor 無條件捨去	double floor(double a)	floor(3.7) = 3;

(二) 數值函式程式範例

透過寫程式來練習**數值函式**的寫法以及顯示正確結果，以下舉例說明。

```c
#include <stdio.h>
#include <stdlib.h>
#include <math.h>

int main()
{
    int a = -4, a1;
    double b = 3.7, b1;
    double c = 4.6, c1;
    double d = 2.7, d1;
    double e = 5.3, e1;
    a1 = abs(a);
    b1 = trunc(b);
    c1 = round(c);
    d1 = ceil(d);
    e1 = floor(e);
    printf("絕對值%d\n", a1);
    printf("去除小數點%f\n", b1);
    printf("四捨五入%f\n", c1);
    printf("無條件進位%f\n", d1);
    printf("無條件捨去%f\n", e1);

    return 0;
}
```

```
絕對值4
去除小數點3.000000
四捨五入5.000000
無條件進位3.000000
無條件捨去5.000000
```

三、字元函式說明

程式中為了判別回傳的值，是否資料型態和合預期，可以使用相關的**字元函式**，來判別是否為真。

(一) 常用字元函式簡介

函式名稱	語法說明	範例說明
isalpha(x)	判斷字元是否為字母，如果是則回傳非零值；否則回傳"0"	int x x = isalpha(33); result = 0
isdigit(x)	判斷字元是否為數字字元（ASCII 48~57），如果是則回傳非零值；否則回傳"0"	int x x = isdigit(33); result = 33

函式名稱	語法說明	範例說明

isupper(x)
islower(x)
	判斷字元是否為大(小)寫字母，如果是則回傳非零值；否則回傳"0"	isupper('A');
		result = A
		islower('A');
		result = 0

toupper(x)
tolower(x)
	轉換字元對應的大(小)寫字母	toupper('a');
		result = A
		tolower('A');
		result = a

toascii(x)	回傳對應的ASCII碼	toascii(a); result = 97

(二) 字元函式程式範例

透過寫程式來練習字元函示的寫法以及顯示正確結果，以下舉例說明。

```
#include <stdio.h>
#include <stdlib.h>
#include <ctype.h>
#include <string.h>

int main()
{
    printf("是否為字母%d\n", isalpha(97));
    printf("是否為字母=%d\n", isalpha(96));
    printf("是否為數字%d\n", isdigit(48));
    printf("是否為數字=%d\n", isdigit(47));
    printf("是否為大寫%d\n", isupper('A'));
    printf("是否為小寫%d\n", islower('A'));
    printf("轉換大寫%d\n", toupper('a')); //A, ASCII Code=65
    printf("轉換小寫%d\n", tolower('A')); //a, ASCII Code=97
    printf("ASCII=%d\n", toascii('B')); //B, ASCII Code=66

    return 0;
}
```

```
是否為字母1
是否為字母=0
是否為數字1
是否為數字=0
是否為大寫1
是否為小寫0
轉換大寫65
轉換小寫97
ASCII=66
```

四、字串函式說明

程式中為了判別字串的資料長度、字串的複製，或是串連不同的字串，都會使用到字串的函式。

(一) 常用字串函式簡介

函式名稱	語法說明	範例說明
strlen (x)	計算字串的長度 size_t length = strlen(buf);	buffer = jack size_t length = strlen(buffer); result =4
strcpy (dest, src)	將字串src copy到dest char *strcpy (char *restrict dest, const char *restrict src);	src = jack strcpy (dest, src); dest = jack
strcat (dest, src)	將字串src連結到dest後面 char *strcat (char *restrict dest, const char *restrict src);	src= "Jack" dest ="He is" strcat (dest, src); result = "He is Jack"
strchr (str, ch)	回傳在字串s中，字元c第一次出現位置的指標 char *strchr (const char *s, int c);	char str[]="ABCD" char *result; strchr(str, 'B'); result = "CD"
strcmp	進行字串的比較int strcmp (const char *lhs, const char *rhs);	char str1[]="ABCD" char str2[]="ABCD" strcmp(str1, str2); 回傳值： 0表示str1 ＝ str2 >0表示str1 > str2 <0表示str1 < str2

(二) 字串函式程式範例

透過寫程式來練習字串函示的寫法以及顯示正確結果，以下舉例說明。

```
#include <stdio.h>
#include <string.h>

int main(void) {
    char FirstName[] = "Jack";
    size_t length = strlen(FirstName);
    printf("字串長度：%lu\n", length);

    char Fullname[] = "Jack Liu";
    char Display[] = "";
    strcpy(Display, Fullname);
    printf("名稱：%s\n", Display);

    char LastName[] = "Liu";
    strcat(FirstName, LastName);
    printf("全名：%s\n", FirstName);

    char *ptr;
    ptr = strchr(Fullname,'L');
    while (ptr!=NULL)
    {
    printf ("找到L位置在 %ld\n",ptr-Fullname+1);
    ptr=strchr(ptr+1,'s');
    }
    char Fullname int printf(const char *, ...)
    printf("有差別%d\n", strcmp(Fullname1,Fullname));
    return 0;
}
```

```
字串長度：4
名稱：Jack Liu
全名：JackLiu
找到L位置在 6
有差別63
```

五、日期時間函式說明

程式中為了計算或是顯示需要轉換日期時間的格式，都會使用到**日期時間的函式**。C++模組庫沒有提供所謂的日期型別。C++繼承了C語言用於日期和時間操作的結構和函式。為了使用日期和時間相關的函式和結構，需要在C++程式中引用 <ctime> 標頭檔。

(一) 常用日期時間函式簡介

函式名稱	語法說明	範例說明

time_t()	該函式回傳系統的當前日曆時間，自1970年1月1日以來經過的秒數。如果系統沒有時間，則回傳-1。
	time_t time(time_t *t)；
		time_t now = time(0);
		printf("%ld", now);
		result = 1608688661

ctime()	該回傳一個表示當地時間的字串指標，字串形式day month year hours:minutes:seconds year\n\0。
	char *ctime(const time_t *time);
		char* dt = ctime(&now);
		printf("%s", dt);
		result = Wed Dec 23 09:57:41 2020

asctime()	將時間結構內資料轉為26個字元長之字串，與ctime類似，其26字元包括換列「\n」及字串結束符號「\0」
	例如：Sun Sep 16 01：03：52 1973\n\0
	char *asctime(const struct tm *tblock);
		struct tm *nPtr = localtime(&now);
		char *dt1 = asctime(nPtr);
		printf("asctime--%s\n", dt1);
		result = Wed Dec 23 10:42:37 2020

difftime()	計算t2跟t1的時間差距，以秒為單位
	double difftime(time_t t1,time_t t2)；
		start = clock();
		end = clock();
		printf("diff時間--%f\n", difftime(start, end));

函式名稱	語法說明	範例說明

clock()	傳回執行後，所經過的滴答數，每1000個滴答等於1秒
	clock_t clock(void);
		start = clock();
		end = clock();
		double diff = end - start;
		printf(" %f sec\n", diff / CLOCKS_PER_SEC);

(二) 字串函式程式範例

透過寫程式來練習字串函示的寫法以及顯示正確結果，以下舉例說明。

```
#include <iostream>
#include <ctime>
#include <unistd.h>

using namespace std;

int main( )
{
    // 基於當前系統的當前日期/時間
    clock_t start, end;
    time_t now = time(0);
    printf("time_t--%ld\n", now);
    // 把 now 轉換為字串形式
    char* dt = ctime(&now);
    printf("ctime--%s\n", dt);

    struct tm *nPtr = localtime(&now);
    char  *dt1 = asctime(nPtr);
    printf("asctime--%s\n", dt1);
    start = clock();
    sleep(5);
    time_t now1 = time(0);
    printf("diff時間--%f\n", difftime(now1, now));
    end = clock();

    double diff = end - start;
    printf(" %f  ms\n" , diff);
    printf(" %f  sec\n", diff / CLOCKS_PER_SEC );

}
```

```
time_t--1608705464
ctime--Wed Dec 23 14:37:44 2020

asctime--Wed Dec 23 14:37:44 2020

diff時間--5.000000
 139.000000  ms
 0.000139  sec
```

隨堂練習

( ) **1** 關於C語言中，處理C語言的輸出以及輸入，需要哪一種標頭檔？
(A)stdio.h (B)math.h
(C)stdlib.h (D)string.h。

( ) **2** 關於C語言中，處理C語言的數學算式，需要哪一種標頭檔？
(A)stdio.h (B)math.h
(C)stdlib.h (D)string.h。

( ) **3** 關於C語言中，C語言的字串處理，需要哪一種標頭檔？
(A)stdio.h (B)math.h
(C)stdlib.h (D)string.h。

( ) **4** 關於C語言中，處理C語言的料型態轉換運算，需要哪一種標頭檔？
(A)stdio.h (B)math.h
(C)stdlib.h (D)string.h。

( ) **5** 關於著寫程式時，我們會將常用而且功能獨立的程式，定義成何種？
(A)函式 (B)陣列
(C)標頭檔 (D)物件。

( ) **6** 不需要回傳值的函式，會定義成哪一種型態別？
(A)void (B)int
(C)float (D)char。

( ) **7** 關於C++中，處理基本的輸出以及輸入，需要哪一種標頭檔？
(A)iostream (B)string
(C)ctime (D)iomanip。

( ) **8** 關於C++中，處理日期時間公式運算，需要哪一種標頭檔？
(A)iostream (B)string
(C)ctime (D)iomanip。

(　　) **9** 關於C++中，處理輸出的格式，需要哪一種標頭檔？
(A)iostream　(B)string
(C)ctime　(D)iomanip。

(　　) **10** 關於C++中，include哪一種標頭檔，可以進行高階的字串操作？
(A)iostream　(B)string
(C)ctime　(D)iomanip。

(　　) **11** 處理數值函式時，那一種可以取得四捨五入的值？
(A)abs　(B)round
(C)ceil　(D)trunc。

(　　) **12** 處理數值函式時，那一種可以取得絕對值的值？
(A)abs　(B)round
(C)ceil　(D)trunc。

(　　) **13** 處理數值函式時，那一種可以去掉小數的值？
(A)abs　(B)round
(C)ceil　(D)trunc。

(　　) **14** 處理數值函式時，那一種可以取得無條件進位的值？
(A)abs　(B)round
(C)ceil　(D)trunc。

(　　) **15** 處理字元函式時，那一種判斷字元是否為字母？
(A)isalpha　(B)isdigit
(C)isupper　(D)toascii。

(　　) **16** 處理字元函式時，那一種判斷字元是否為數字字元？
(A)isalpha　(B)isdigit
(C)isupper　(D)toascii。

(　　) **17** 處理字元函式時，那一種可以轉換字元對應的大(小)寫字母？
(A)isalpha　(B)isdigit
(C)isupper　(D)toupper。

( ) **18** 處理字元函式時，那一種回傳對應的ASCII碼？
(A)isalpha (B)isdigit
(C)toascii (D)toupper。

( ) **19** 處理字串函式時，那一種計算字串的長度？
(A)strcpy (B)strlen
(C)ctrcmp (D)strcat。

( ) **20** 處理字串函式時，那一種進行字串的比較？
(A)strcpy (B)strlen
(C)ctrcmp (D)strcat。

( ) **21** 處理字串函式時，那一種進行字串的拷貝動作？
(A)strcpy (B)strlen
(C)ctrcmp (D)strcat。

( ) **22** 處理字串函式時，那一種進行字串的串連？
(A)strcpy (B)strlen
(C)ctrcmp (D)strcat。

( ) **23** 處理時間函式時，那一種可以回傳系統的當前日曆時間？
(A)time_t() (B)ctime()
(C)asctime() (D)difftime()。

( ) **24** 處理時間函式時，那一種計算兩個時機點的差距？
(A)time_t() (B)ctime()
(C)asctime() (D)difftime()。

答
1 (A) **2** (B) **3** (D) **4** (C) **5** (A) **6** (A) **7** (A) **8** (C)
9 (D) **10** (B) **11** (B) **12** (A) **13** (D) **14** (C) **15** (A) **16** (B)
17 (C) **18** (C) **19** (B) **20** (C) **21** (A) **22** (D) **23** (A) **24** (D)

8-2 函式

一、自訂函式的基本觀念說明

一般而言，C/C++已經提供很多常用的公用函式，但是還是會有不足的地方，需要自行定義所需的函式，也就是自訂函式（User Defined Function）。

(一) 自訂函式的結構說明

自訂函式主要由「**回傳值資料型態**」、「**函式名稱**」、「**引數**」跟「**程式主體**」構成。

1. **回傳值資料型態**：函式執行後，往往需要有回傳值，來判別接續的動作，回傳值的資料型態需要跟函式定義的資料型態相同，才能正確執行。如果不需要回傳值時，可以定義「void」
2. **函式名稱**：跟變數名稱的命名規則一樣，執行時直接呼叫函式名稱即可。
3. **引數**（argument）：呼叫函式時所需要傳入的參數，可以是常數、變數、陣列或是指標等各種資料型態。引數串列包括函式引數的型別、順序、數量。引數是可選的，也就是說，函式可能不包含引數。
4. **函式本體**：跟公用函示用法一樣，放置於大括弧「{}」中，包含一組定義函式執行任務的敘述。

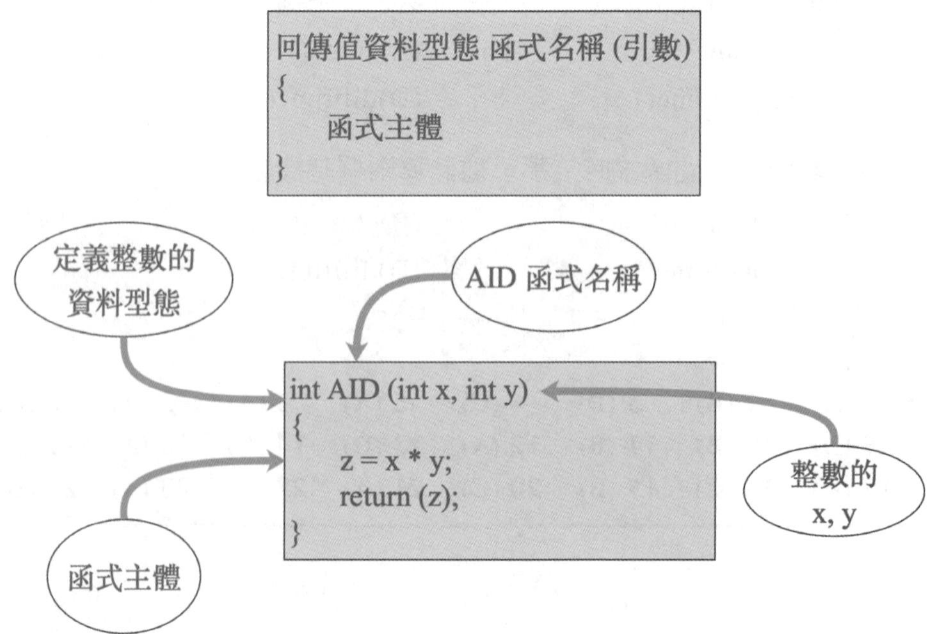

(二) 程式碼範例

透過寫程式來練習自訂函示的寫法以及顯示正確結果，以下舉例說明。

```
#include  <stdio.h>
#include  <stdlib.h>
int AID (int x, int y);
int  main ()
{
    int a = 3 , b = 6 ;
    int c;
    c = AID(a,b);
    printf ( "自訂函示的運算結果 ：%d\n",c );
    return  0 ;
}

int AID (int x, int y)
{
    int z;
    z = x + y;
    return(z);
}
```

```
自訂函示的運算結果 ：9
```

二、自訂函式的範例說明

一般而言，C/C++已經提供很多常用的公用函式，比較常用的自訂函式，多傾向數學的算式，以下針對階乘說明。

(一) 階乘算式結構說明

計算 C_r^n 的值。解析：$C_r^n = \dfrac{n!}{r!(n-r)!}$

(二) 階乘算式程式範例

透過寫程式來練習階乘算式的寫法以及顯示正確結果，以下舉例說明。

```c
#include  <stdio.h>
#include  <stdlib.h>
int FACT(int a)
{
    printf ("帶入的值 ：%d\n",a);
    int a1 = 1;
    int i;
    for (i=1;i<=a;i++)
    {
        a1 = a1 * i;
    }
    return (a1);
    a= 0;
}
int  main ()
{
    int m,n;
    int m1,m2,m3,m4;
    printf("請輸入階乘的值(1) ： ");
    scanf("%d", &m);
    printf ("運算結果 ：%d\n",m);
    printf("請輸入階乘的值(2) ： ");
    scanf("%d", &n);
    printf ("運算結果 ：%d\n",n);
    m1 = FACT(m);
    printf ("階乘結果 ：%d\n",m1);
    m2 = FACT(n);
    printf ("階乘結果 ：%d\n",m2);
    m3 = FACT(m-n);
    printf ("階乘結果 ：%d\n",m3);
    m4 = m1 /(m2 * m3);
    printf ("最後運算結果 ：%d\n",m4);
    return  0 ;
}
```

→

```
請輸入階乘的值(1) ：  5
運算結果 ：5
請輸入階乘的值(2) ： 3
運算結果 ：3
帶入的值 ：5
階乘結果 ：120
帶入的值 ：3
階乘結果 ：6
帶入的值 ：2
階乘結果 ：2
最後運算結果 ：10
```

隨堂練習

(　　) **1** 函式的組成，下列哪一個不是必須的？
(A)回傳值資料型態　(B)函式名稱
(C)引數　(D)程式主體。

(　　) **2** 如何宣告傳入整數跟浮點數的函式？
(A)int score (int, float)
(B)int score (float, float)
(C)double score (float, float)
(D)float score (float, float)。

答 **1** (A)　**2** (A)

8-3 函式應用實例

一、函式應用實例(一)

(一) 說明

數學的四則運算，都可以使用自訂的函式處理，可以節省很多重複的程式碼。

(二) 數學的四則運算程式碼範例

1. 加法範例說明：

```
#include <stdio.h>
#include <stdlib.h>
int add(int a,int b)
{
    return a + b;
    a= 0;
}
int main ()
{
    int m,n,result;
    printf("請輸入要相加的值(1) : ");
    scanf("%d", &m);
    printf ("運算結果 :%d\n",m);
    printf("請輸入要相加的值(2) : ");
    scanf("%d", &n);
    printf ("運算結果 :%d\n",n);
    result = add (m,n);
    printf ("最後運算結果 :%d\n",result);
    return 0 ;
}
```

```
請輸入要相加的值(1) : 21
運算結果 : 21
請輸入要相加的值(2) : 35
運算結果 : 35
最後運算結果 : 56
```

2. 減法範例說明：

```
#include <stdio.h>
#include <stdlib.h>
int subtract(int a,int b)
{
    return a - b;
    a= 0;
}
int main ()
{
    int m,n,result;
    printf("請輸入要相減的值(1) : ");
    scanf("%d", &m);
    printf ("運算結果 :%d\n",m);
    printf("請輸入要相減的值(2) : ");
    scanf("%d", &n);
    printf ("運算結果 :%d\n",n);
    result = subtract (m,n);
    printf ("最後運算結果 :%d\n",result);
    return 0 ;
}
```

```
請輸入要相減的值(1) : 34
運算結果 : 34
請輸入要相減的值(2) : 45
運算結果 : 45
最後運算結果 : -11
```

3. 乘法範例說明：

```c
#include <stdio.h>
#include <stdlib.h>
int multiply(int a,int b)
{
    return a * b;
    a= 0;
}
int main ()
{
    int m,n,result;
    printf("請輸入要相乘的值(1)：");
    scanf("%d", &m);
    printf ("運算結果：%d\n",m);
    printf("請輸入要相乘的值(2)：");
    scanf("%d", &n);
    printf ("運算結果：%d\n",n);
    result = multiply (m,n);
    printf ("最後運算結果：%d\n",result);
    return 0 ;
}
```

```
請輸入要相乘的值(1)：12
運算結果：12
請輸入要相乘的值(2)：9
運算結果：9
最後運算結果：108
```

4. 除法範例說明：

```c
#include <stdio.h>
#include <stdlib.h>
int divide(int a,int b)
{
    return a / b;
    a= 0;
}
int main ()
{
    int m,n,result;
    printf("請輸入要相除的值(1)：");
    scanf("%d", &m);
    printf ("運算結果：%d\n",m);
    printf("請輸入要相除的值(2)：");
    scanf("%d", &n);
    printf ("運算結果：%d\n",n);
    result = divide (m,n);
    printf ("最後運算結果：%d\n",result);
    return 0 ;
}
```

```
請輸入要相除的值(1)：91
運算結果：91
請輸入要相除的值(2)：7
運算結果：7
最後運算結果：13
```

二、函式應用實例(二)

(一) 說明

不需要回傳值的函式或是靜態變數的函式說明：不需要回傳值的函式，表示此函式不會return相關的結果；static變數，是一個區域變數，但不會因為函式執行結束，變數內的資料就不見。

(二) 程式碼範例

1. 不需要回傳值的函式範例說明：

```
#include  <stdio.h>
#include  <stdlib.h>
void square(int num)
{
    int result;
    result = num * num;
    printf ("最後運算結果 ：%d\n",result);
}
int  main ()
{
    int m;
    printf("請輸入要計算的平方值 ： ");
    scanf("%d", &m);
    square (m);
    return  0 ;
}
```

```
請輸入要計算的平方值 ： 21
最後運算結果 ：441
```

2. 靜態變數的函式範例說明：

```
#include  <stdio.h>
#include  <stdlib.h>
void Merry_Christmas()
{
    static int m =1;
    printf("Merry Christmas %d\n",m);
    m++;
}
int  main ()
{
    int i,n;
    printf("請輸入顯示的次數 ： ");
    scanf("%d", &n);
    for (i=1;i<=n;i++)
    {
        Merry_Christmas();
    }
    return  0 ;
}
```

```
請輸入顯示的次數 ： 4
Merry Christmas 1
Merry Christmas 2
Merry Christmas 3
Merry Christmas 4
```

三、函式應用實例(三)

(一) 說明

我們知道指標可以指向任何的記憶體位址，也就是代表指標可以指向任何一段可執行的程式碼，這也稱作為指標函式。

我們知道C語言有**傳值呼叫**（pass by value）和**傳址呼叫**（pass by reference）來區分指標的功能；但實際上C的函式呼叫皆為傳值呼叫，只是在傳遞指標時的「值」是記憶體位址，簡單地說，C在傳指標時，將指標的位址複製一份後傳入函式內部。

(二) 程式碼範例

1. 指標的函式範例說明：

```c
#include  <stdio.h>
#include  <stdlib.h>

void Welcome (int nums)
{
     for( int i; i < nums; ++i )
     {
          printf( "Welcome: %d\n", i );
     }
}

int main ()
{
    void ( *func_ptr )(int); // 設定函式指標
    func_ptr = Welcome; // 把函式賦予給指標函式
    func_ptr(5); // 呼叫函式

    return 0;
}
```

```
Welcome: 0
Welcome: 1
Welcome: 2
Welcome: 3
Welcome: 4
```

2. 多個的指標函式範例說明：

```
#include  <stdio.h>
#include <string.h>

int add(int a,int b)
{
    return a + b;
}
int sub(int a,int b)
{
    return a - b;
}
int main()

{
int (*ptr)(int,int); // 宣告一個指向函式的指標
int a,b,c,d;
printf("請輸入給a值的整數 : ");
scanf("%d", &a);
printf("請輸入給b值的整數 : ");
scanf("%d", &b);

ptr = add; // 將ptr指向函式add
c=(*ptr)(a,b); // ptr指向add,所以c=add(a,b);
printf("a + b = %d \n",c);

ptr = sub; // 將ptr指向函式sub
d=(*ptr)(a,b); // ptr指向sub,所以c=sub(a,b);
printf("a - b = %d\n",d);

}
```

```
請輸入給a值的整數 : 38
請輸入給b值的整數 : 15
a + b = 53
a - b = 23
```

四、函式應用實例(四)

(一) 說明

函式遞迴的功能應用，其精神就是重覆呼叫執行自己本身的程式片段，直到符合終止條件為止。幾點注意事項，如下說明：

✔ 要清楚知道最簡單的處理方法。

✔ 定義函式的參數以及回傳值。

✔ 執行時，要先檢查邊際條件，避免無窮迴圈的狀況。

(二) 程式碼範例

1. 求「1+2+3+4+⋯.n的和」：

```
#include  <stdio.h>
#include <string.h>

int sum(int n) {
    int total;
    if (n == 1) {
        return 1;
    }
    total = n + sum(n - 1);
    return (total);

}
int main()

{
int a,total,result;
printf("請輸入一個整數 : ");
scanf("%d", &a);
result = sum(a);
printf("1 ~ %d 的總數和=%d\n",a,result);
}
```

```
請輸入一個整數 : 4
1 ~ 4 的總數和=10
```

2. 求1*2+2*3+3*4+⋯+(n-1)*n之和：

```c
#include  <stdio.h>
#include <string.h>

int sum(int n) {
    int total;
    if (n == 1) {
        return 0;
    }
    else
    {
        total = sum(n - 1)+n*(n-1);
        return (total);
    }

}
int main()
{
int a,total,result;
printf("請輸入一個整數 : ");
scanf("%d", &a);
result = sum(a);
printf("1*2+..(%d-1)*%d 的總數和=%d\n",a,a,result);
}
```

```
請輸入一個整數 : 5
1*2+..(5-1)*5 的總數和 = 40
```

3. 輸入兩數字A,B，利用遞迴求得A的B次方

```c
#include  <stdio.h>
#include <string.h>

int power(int m, int n) {
    int total;
    if (n==0)
        return 1;
    if (n==1)
        return m;
    else
    total = (m*power(m,n-1));
    return (total);
}
int main()
{
int a,b,result;
printf("請輸入兩個整數 : ");
scanf("%d %d", &a, &b);
result = power(a,b);
printf("%d 的 %d 次方 =%d\n",a,b,result);
}
```

```
請輸入兩個整數 : 2
3
2 的 3 次方 =8
```

4. 兩個整數m,n的最大公因數，最小公倍數

```c
#include  <stdio.h>
#include <string.h>

int gcd(int m, int n) {
    while(n != 0) {
        int r = m % n;
        m = n;
        n = r;
    }
    return m;
}
int lcm(int m, int n) {
    return m * n / gcd(m, n);
}

int main()
{
int a,b,result,result1;
printf("請輸入兩個整數 : ");
scanf("%d %d", &a, &b);
result = gcd(a,b);
result1 = lcm(a,b);
printf("%d 與 %d 的最大公因數 =%d\n",a,b,result);
printf("%d 與 %d 的最小公倍數 =%d\n",a,b,result1);
}
```

```
請輸入兩個整數 : 27
9
27 與 9 的最大公因數 =9
27 與 9 的最小公倍數 =27
```

5. **費氏數列**（Fibonacci numbers），又稱費波那契數列，是指在一串數字中，每一項是前兩項的和（Fn=Fn-1+Fn-2）。

```c
#include  <stdio.h>
#include <string.h>

int fab(int num) {
    if (num <= 1) {
        return num;
    }
    return fab(num - 1) + fab(num - 2);
}

int main()
{
int a,b,result;
printf("請輸入一個整數 : ");
scanf("%d", &a);
result = fab(a);
printf("%d 的費氏數列值 =%d\n",a,result);
}
```

```
請輸入一個整數 : 7
7 的費氏數列值 =13
```

6. **艾克曼函數**(Ackermann's Function)：是非原始遞歸函數的例子；它需要兩個自然數作為輸入值，輸出一個自然數。它的輸出值增長速度非常高。定義如下圖：

$$A(m,n)=\begin{cases} n+1 & \text{if } m=0 \\ A(m-1,1) & \text{if } m>0 \text{ and } n=0 \\ A(m-1,A(m,n-1)) & \text{if } m>0 \text{ and } n>0. \end{cases}$$

m/n值	0	1	2	3	4	n
0	1	2	3	4	5	n+1
1	2	3	4	5	6	n+2
2	3	5	7	9	11	2*(n+3)-3
3	5	13	29	61	125	$2^{(n+3)}$-3

```c
#include  <stdio.h>
#include <string.h>

int Ack(int m, int n)
{
    if (m == 0)
        return n + 1;
    else if (m > 0 && n == 0)
        return Ack(m - 1, 1);
    else
        return Ack(m - 1, Ack(m, n - 1));
}

int main()
{
int a,b,result;
printf("請輸入兩個整數 ： ");
scanf("%d %d", &a, &b);
result = Ack(a,b);
printf("%d 與 %d 的費氏數列值 =%d\n",a,b,result);
}
```

```
請輸入兩個整數 ： 3
3
3 與 3 的費氏數列值 =61
```

考前實戰演練

( ) **1** 下列程式是C語言的function，請問呼叫C(4,3)會得到多少？

```
intC(int n, int k)
{
if((k==0) || (n==k)) return 1; else return(C(n-1, k) + C(n-1, k-1));
}
```

(A)3 (B)4 (C)6 (D)7。

( ) **2** 下列程式是C語言的function，請問呼叫g2(210,42,350)會得到多少？

```
int g(int m, int n)
{ /*assume m >= 1 && n >= 1 */
int i;
for(i =m; i>=1; i--)
if(m%i ==0 && n%i == 0) return i;
}
int g2(int m, int n, int r)
{ /*assume m >=1 && n>=1 && r>=1 */
return g(g(m,n), r); }
```

(A)42 (B)14 (C)10 (D)7。

( ) **3** 執行C程式test(3)，其回傳值為下列何者？

```
int test( int control ){
int g[] = {0,2,4,6}, h[] = {20,40,60,80}; int i, g_length = 4, s = 0;
for( i = g_length-1;i >= 0;i-- ){
if( g[i] < control )break; }
while( i >= 0 ){
s = s +( control-g[i] )* h[i]; control = g[i];
i--;
}
return s; }
```

(A)70 (B)80 (C)90 (D)100。

( ) **4** 針對下列C程式，執行test()後回傳值為下列何者？

```
int f (int n){
if (n>3)return 1;
else if (n==2) return (3+f(n+1)); else return (1+f(n+1));
}
int test(){
int i=0, j=0;
for (i=1; i<4; i++) j=j+f(i); return j;
}
```

(A)15 (B)13
(C)10 (D)7。

( ) **5** 下列何者為C語言函式，傳回字串長度？

(A)strcpy (B)lencat
(C)strlen (D)strcmp。

( ) **6** 下列何者是與動態記憶體配置無關的C語言指令？

(A)malloc (B)calloc
(C)free (D)return。

( ) **7** 下列何者是配置記憶體空間並初始化為0的C語言指令？

(A)malloc (B)calloc
(C)free (D)return。

( ) **8** 下列何者是可以增減調整配置記憶體空間的C語言指令？

(A)malloc (B)calloc
(C)realloc (D)memset。

( ) **9** 有關C++語言的描述，下列何者有誤？

(A)一個子類別無法同時繼承多個父類別
(B)支援運算子多載
(C)支援虛擬函式
(D)支援命名空間。

(　　) **10** 下列何者，不是C++語言的繼承型式？
(A)public　(B)private
(C)protected　(D)relative。

(　　) **11** 以下何者，不可以是C語言函式的回傳型態（return type）？
(A)void　(B)int []
(C)int *　(D)int **。

(　　) **12** 下列何者不是C語言的關鍵字（keywords）？
(A)void　(B)switch
(C)station　(D)short。

(　　) **13** 函數f定義如下，如果呼叫f(1000)，指令sum=sum+i被執行的次數最接近下列何者？
(A)1000
(B)3000
(C)5000
(D)1000。

```
int f (int n) {
int sum=0;
if (n<2) { return 0; }
for (int i=1; i<=n; i=i+1)
{
sum = sum + i;
}
sum = sum + f(2*n/3);
return sum;
}
```

(　　) **14** 請問以a(13,15)呼叫右側a()函式，函式執行完後其回傳值為何？
(A)90
(B)103
(C)93
(D)60。

```
int a(int n, int m) {
if (n < 10) {
if (m < 10) {
  return n + m ;
}
else {
return a(n, m-2) + m ;
}
}
else {
return a(n-1, m) + n ;
}
}
```

( ) **15** 給定一陣列a[10]={ 1, 3, 9, 2, 5, 8, 4, 9, 6, 7 }，i.e., a[0]=1,a[1]=3, ..., a[8]=6, a[9]=7，以f(a, 10)呼叫執行右側函式後，回傳值為何？
(A)1
(B)2
(C)7
(D)9。

```
int f (int a[], int n)
{int index = 0;
for (int i=1; i<=n-1; i=i+1) {
if (a[i] >= a[index])
{ index = i; }
}
  return index;
}
```

( ) **16** 給定右側g()函式，g(13)回傳值為何？
(A)16
(B)18
(C)19
(D)22。

```
int g(int a) {
if (a > 1)
{
   return g(a - 2) + 3; }
return a;
}
```

( ) **17** 給定右側函式f1()及f2()。f1(1)運算過程中，以下敘述何者為錯？
(A)印出的數字最大的是4
(B)f1一共被呼叫二次
(C)f2一共被呼叫三次
(D)數字2被印出兩次。

```
void f1 (int m) { if (m > 3)
{
printf ("%d\n", m);
return; }
else {
printf ("%d\n", m);
f2(m+2);
printf ("%d\n", m); } }
void f2 (int n) { if (n > 3) {
printf ("%d\n", n);
return; }
else {printf ("%d\n", n);
f1(n-1);
printf ("%d\n", n);
}
```

( ) **18** 右側程式輸出為何？
(A)bar: 6 bar: 1 bar: 8
(B)bar: 6 foo: 1 bar: 3
(C)bar: 1 foo: 1 bar: 8
(D)bar: 6 foo: 1 foo: 3。

```
void foo (int i) { if (i <= 5) {
printf ("foo: %d\n", i); }
    else {
        bar(i - 10);
}}
void bar (int i) { if (i <= 10) {
printf ("bar: %d\n", i); }
    else {
        foo(i - 5);
}}
void main() {
foo(15106); bar(3091); foo(6693);
}
```

( ) **19** 若以f(22)呼叫右側f()函式，總共會印出多少數字？
(A)16
(B)22
(C)11
(D)15。

```
void f(int n)
{ printf ("%d\n", n);
while (n != 1)
{
if ((n%2)==1) { n = 3*n + 1;
}
else {
n = n / 2; }
printf ("%d\n", n); }
}
```

( ) **20** 右側g(4)函式呼叫執行後，回傳值為何？
(A)6
(B)11
(C)13
(D)14。

```
int f (int n)
{ if (n > 3) {
return 1; }
else if (n == 2)
{ return (3 + f(n+1)); }
else { return (1 + f(n+1)); }
}
int g(int n) { int j = 0;
for (int i=1; i<=n-1; i=i+1) { j = j + f(i);
}
return j; }
```

(　　) **21** 下列F()函式執行後，輸出為何？

```
void F( ) {
char t, item[] = {'2', '8', '3', '1', '9'}; int a, b, c, count = 5;
for (a=0; a<count-1; a=a+1) {
    c = a;
    t = item[a];
    for (b=a+1; b<count; b=b+1) {
        if (item[b] < t) {
            c = b;
    t = item[b]; }
        if ((a==2) && (b==3)) {
            printf ("%c %d\n", t, c);
}}
}}
```

(A)1 2　　(B)1 3
(C)3 2　　(D)3 3。

(　　) **22** 給定右側G(), K()兩函式，執行G(3)後所回傳的值為何？
(A)5
(B)12
(C)14
(D)15。

```
int K(int a[], int n) {
    if (n >= 0)
        return (K(a, n-1) + a[n]);
    else
return 0;
}
int G(int n){
    int a[] = {5,4,3,2,1};
    return K(a, n);
}
```

( ) **23** 右側函式以F(7)呼叫後回傳值為12，則<condition>應為何？
(A)a<3
(B)a<2
(C)a<1
(D)a<0。

```
int F(int a) {
    if ( <condition> )
          return 1;
    else
______
}
return F(a-2) + F(a-3);
```

( ) **24** 給定右側G()函式，執行G(1)後所輸出的值為何？
(A)1 2 3
(B)1 2 3 2 1
(C)1 2 3 3 2 1
(D)以上皆非。

```
void G (int a){
      printf ("%d ", a);
      if (a>=3)
return; else
            G(a+1);
      printf ("%d ", a);
}
```

( ) **25** 右側程式執行後輸出為何？
(A)0
(B)10
(C)25
(D)50。

```
int G (int B) {
    B = B * B;
return B; }
int main () {
    int A=0, m=5;
    A = G(m);
    if (m < 10)
        A = G(m) + A;
    else
A = G(m);
printf ("%d \n", A);
return 0; }
```

( ) **26** 右側G()應為一支遞迴函式，已知當a固定為2，不同的變數x值會有不同的回傳值如下表所示。請找出G()函式中(a)處的計算式該為何？

a值	x值	G(a,x)回傳值
2	0	1
2	1	6
2	2	36
2	3	216
2	4	1296
2	5	7776

```
int G (int a, int x) {
    if (x == 0)
        return 1;
    else
return (a) ;
}
```

(A)((2*a)+2)*G(a,x-1) (B)(a+5) * G(a-1, x - 1)
(C)((3*a)-1)*G(a,x-1) (D)(a+6)*G(a,x-1)。

( ) **27** 右側G()為遞迴函式，G(3,7)執行後回傳值為何？

```
int G (int a, int x) {
    if (x == 0)
        return 1;
    else
}
return (a * G(a, x - 1));
```

(A)128
(B)2187
(C)6561
(D)1024。

( ) **28** 右側函式若以search (1, 10, 3)呼叫時，search函式總共會被執行幾次？

```
void search (int x, int y, int z) {if (x < y) {
t = ceiling ((x + y)/2); if (z >= t)
            search(t, y, z);
        else
            search(x, t - 1, z);
}}
```

註：ceiling()為無條件進位至整數位。
例如 ceiling(3.1)=4, ceiling(3.9)=4。

(A)2
(B)3
(C)4
(D)5。

( ) **29** 給定函式A1()、A2()與F()如下，以下敘述何者有誤？
(A)A1(5)印的'*'個數比A2(5)多
(B)A1(13)印的'*'個數比A2(13)多
(C)A2(14)印的'*'個數比A1(14)多
(D)A2(15)印的'*'個數比A1(15)多。

```
void A1 (int n) {
    F(n/5);
F(4*n/5); }
```

```
void A2 (int n) {
    F(2*n/5);
F(3*n/5); }
```

```
void F (int x) {
    int i;
    for (i=0; i<x; i=i+1)
        printf("*");
    if (x>1) {
        F(x/2);
        F(x/2);
} =}
```

( ) **30** 若以B(5,2)呼叫右側B()函式，總共會印出幾次"base case"？
(A)1
(B)5
(C)10
(D)19。

```
int B (int n, int k) { if (k == 0 || k == n){
        printf ("base case\n");
return 1; }
return B(n-1,k-1) + B(n-1,k); }
```

( ) **31** 右側F()函式執行時，若輸入依序為整數0, 1, 2, 3, 4, 5, 6, 7, 8, 9，請問X[]陣列的元素值依順序為何？
(A)0, 1, 2, 3, 4, 5, 6, 7, 8, 9
(B)2, 0, 2, 0, 2, 0, 2, 0, 2, 0
(C)9, 0, 1, 2, 3, 4, 5, 6, 7, 8
(D)8, 9, 0, 1, 2, 3, 4, 5, 6, 7。

```
void F () {
    int X[10] = {0};
    for (int i=0; i<10; i=i+1) {
        scanf("%d", &X[(i+2)%10]);
    }
}
```

( ) **32** 若以G(100)呼叫右側函式後，n的值為何？
(A)25
(B)75
(C)150
(D)250。

```
int n = 0;
void K (int b) {
    n = n + 1;
    if (b % 4)
        K(b+1);
}
void G (int m) {
    for (int i=0; i<m; i=i+1) {
    K(i);
}}
```

( ) **33** 若函式rand()的回傳值為一介於0和10000之間的亂數，下列那個運算式可產生介於100和1000之間的任意數（包含100和1000）？
(A)rand()%900+100
(B)rand()%1000+1
(C)rand()%899+101
(D)rand()%901+100。

( ) **34** 若以F(15)呼叫右側F()函式，總共會印出幾行數字？
(A)16行
(B)22行
(C)11行
(D)15行。

```
void F (int n) {
    printf ("%d\n" , n);
    if ((n%2 == 1) && (n > 1)){
      return F(5*n+1);
    }
    else {
      if (n%2 == 0)
        return F(n/2);
    }
}
```

( ) **35** 定右側函式F()，執行F()時哪一行程式碼可能永遠不會被執行到？
(A)a=a+5;
(B)a=a+2;
(C)a=5;
(D)每一行都執行得到。

```
void F (int a) {
  while (a<10)
    a = a+5;
  if (a<12)
    a=a+2;
  if (a<=11)
a=5;}
```

( ) **36** 給定右側函式F()，已知F(7)回傳值為17，且F(8)回傳值為25，請問if的條件判斷式應為何？
(A)a%2!=1
(B)a*2>16
(C)a+3<12
(D)a*a<50。

```
int F (int a) {
   if ( _____?_____ )
      return a*2+3;
   else
      return a*3+1;
}
```

( ) **37** 小藍寫了一段複雜的程式碼想考考你是否了解函式的執行流程。請回答程式最後輸出的數值為何？
(A)70
(B)80
(C)100
(D)190。

```
int g1 = 30, g2
int f1(int v) {
   int g1 = 10;
   return g1+v;}
int f2(int v) {
   int c = g2;
   v = v+c+g1;
   g1 = 10;
   c = 40;
   return v;}
int main() {
   g2 = 0;
   g2 = f1(g2);
   printf("%d",
   return 0;}
```

( ) **38** 若以F(5,2)呼叫右側F()函式，執行完畢後回傳值為何？
(A)1
(B)3
(C)5
(D)8。

```
int F (int x,int y) {
  if (x<1)
    return 1;
  else
    return F(x-y,y)+F(x-2*y,y);
}
```

Unit 9 結構及類別

章節名稱	重點提示
9-1 結構	1. 結構的認識 2. 結構的陣列跟指標用法
9-2 類別	1. 類別的認識 2. 類別的初始值設定
9-3 物件導向程式設計實例	物件導向的特性、優點

9-1 結構

一、結構的基本觀念說明

一般而言，當程式需要儲存資料時，我們需要宣告變數，同時會依照資料的特性，定義資料的型別。如果需要一個以上的資料型別或是型別相同的資料時，會以陣列處理，但是如果需要多種不同資料型別時，就需要使用結構（struct）。例如我們需要學生的姓名跟成績時，就需要利用結構來處理不同資料型別的變數。如下圖說明：

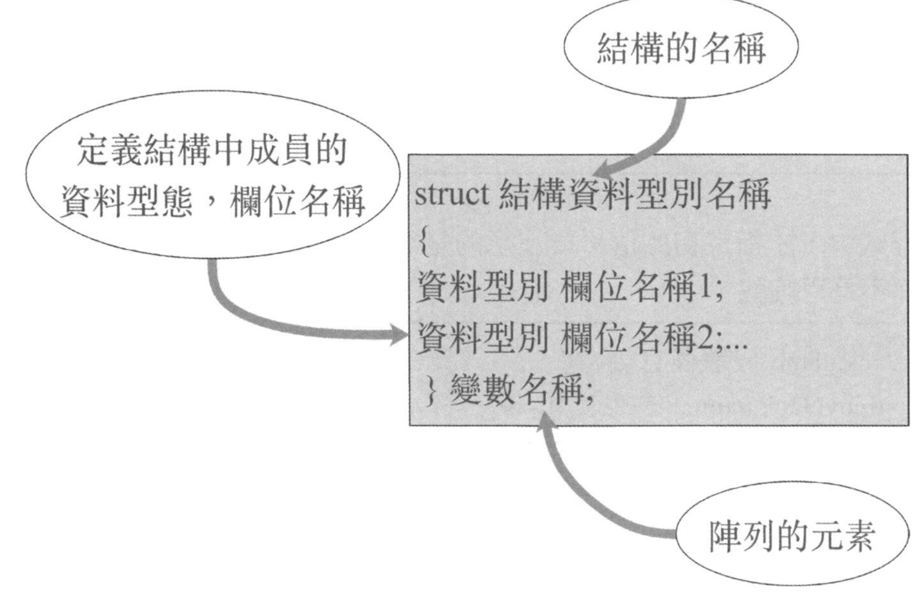

(一) 結構欄位的初始值設定

```
struct student
{
      int id [8];
      char name [16];
      float score;
}
```

1. 定義時，直接宣告並設定初始值：

```
struct student
{
      int id [8];
      char name [16];
      float score;
} Jack = {1090301,"許傑克",93};
```

2. 先定義結構，宣告變數時，同時設定初始值：

```
struct student
{
      int id [8];
      char name [16];
      float score;
}
struct student Jack = {1090301,"許傑克",93};
```

3. 程式中，才指定初始值：要注意的是字串的指定，需要用strcpy 指令，而不是用等號。

```
Jack.name = "許傑克"; -- ✘
strcpy(Jack.name, "許傑克");--✔
```

(二) 結構欄位的初始值設定範例

```c
#include  <stdio.h>
#include  <stdlib.h>
#include  <string.h>

struct student
{
    int id ;
    char name [16];
    float score;
} Jack = {1090301,"許傑克",93};
struct student Henry = {1090302,"劉亨利",73};
struct student Amy;

int main (int agrc, char *argc[])
{
    Amy.id = 1090303;
    strcpy(Amy.name, "許阿美");
    Amy.score = 83;
    printf("學號        姓名        成績\n");
    printf("%d\t %s\t %f\n",Jack.id, Jack.name, Jack.score);
    printf("%d\t %s\t %f\n",Henry.id, Henry.name, Henry.score);
    printf("%d\t %s\t %f\n",Amy.id, Amy.name, Amy.score);
    return 0;
}
```

```
學號          姓名        成績
1090301   許傑克   93.000000
1090302   劉亨利   73.000000
1090303   許阿美   83.000000
```

二、結構變數的記憶體大小說明

結構變數的記憶體配置，不一定會跟結構變數內所有欄位的總和一致，因為編譯器在編輯時，會將變數定址在偶數位的記憶體位置，所以有可能會多配置一些記憶體空間。總結，結構變數的記憶體配置會**大於或是等於**結構變數內所有欄位的總和。

結構變數的記憶體配置範例（需要用sizeof計算）才會精準：

```c
#include  <stdio.h>
#include  <stdlib.h>
#include  <string.h>

struct student
{
    int id ;
    char name [16];
    float score;
} ;

int main (int agrc, char *argc[])
{
    printf("%lu\n",sizeof(int));
    printf("%lu * 16\n",sizeof(char));
    printf("%lu\n",sizeof(float));
    printf("%lu\n",sizeof(student));

    return 0;
}
```

```
4
1 * 16
4
24
```

三、結構陣列說明

結構陣列，是指每一個陣列中，元素都是屬於同一個結構。

(一) 結構陣列說明

struct 結構資料型別名稱 結構陣列名稱[陣列大小];

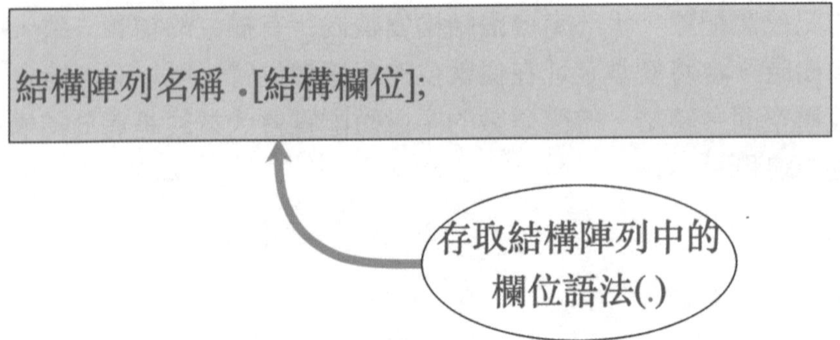

(二) 定義結構陣列說明

1. 先定義結構體型別，再用他定義結構陣列：

```
struct 結構體名稱
{
元素成員表列；
}；
struct 結構體名稱
```

2. 定義結構體型別同時定義結構體陣列：

```
struct 結構體名稱
{
元素成員表列；
}
陣列名稱[元素個數]；
```

3. 直接定義結構體陣列：不需要先定義結構體名稱。

```
struct
{
元素成員表列；
}
陣列名稱[元素個數]；
```

(三) 結構陣列範例說明

```c
#include  <stdio.h>
#include  <stdlib.h>
#include  <string.h>

struct book
{
    char title[40];
    char author[30];
    float price;
} bookcase[3] = {{"How beautiful thing","許傑克",234},
              {"歡喜過一天       ","Jack Liu",319},
              {"期貨選擇權密技     ","劉派克",436}};

int main (int agrc, char *argc[])
{
    int i;
    printf("書名                    作者              價錢\n");
    for (i=0;i<3;i++)
    {
        printf("%s\t %s\t %f\n",
        bookcase[i].title, bookcase[i].author, bookcase[i].price);
    }
    return 0;
}
```

```
書名                        作者          價錢
How beautiful thing          許傑克   234.000000
歡喜過一天                   Jack Liu         319.000000
期貨選擇權密技               劉派克   436.000000
```

四、結構指標說明

結構宣告變數時，也可以將變數轉成**指標變數**，該指標變數的值是結構體變數的**起始地址**，該指標稱為**結構體指標**。結構體指標與之前介紹的各種指標變數在特性和方法上是相同的，都是透過「*」來訪問他的物件。

(一) 結構指標說明

存取結構體成員時，有兩種方式，一是使用原來小數點的方式，但是指標部分需要加上括號，另一種是以「**元素成員間接存取算符**」(->)來取代小數點符號。

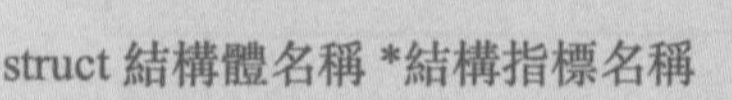

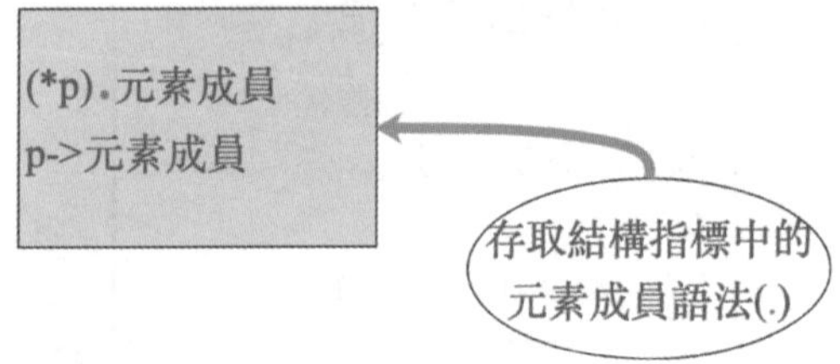

(二) 結構指標範例

```c
#include  <stdio.h>
#include  <stdlib.h>
#include  <string.h>

struct book
{
    char title[40];
    char author[30];
    float price;
} bookcase = {"How beautiful thing","許傑克       ",234};

int main (int agrc, char *argc[])
{
    struct book *p1;
    p1 = &bookcase;
    int i;
    printf("書名                    作者              價錢\n");
    printf("%s\t",p1->title);
    printf("%s\t",p1->author);
    printf("%f\n",p1->price);
}
```

```
書名                   作者           價錢
How beautiful thing    許傑克         234.000000
```

(三) 結構陣列指標範例

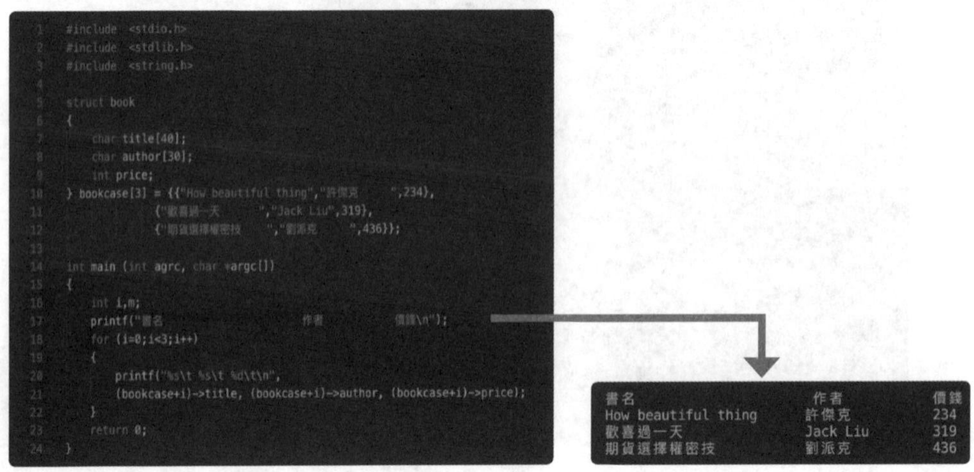

隨堂練習

( ) **1** 存取C語言中結構變數某一個欄位的資料，必須使用什麼符號？

(A)* (B)&

(C). (D)@。

( ) **2** 將不同的資料型別組合在一起，可以使用C語言的哪一個資料型別？

(A)array (B)struct

(C)function (D)&。

( ) **3** 請問如何存取結構student中Jack的姓名欄位？

```
struct student
{
    int id [8];
    char name [16];
    int score;
} Jack;
```

(A)Jack.name

(B)struct.name

(C)student.name

(D)Jack.char.name。

( ) **4** 承上題，如何初始化結構student中的資料？

(A)struct student Jack = {1090301,"許傑克",93};

(B)Jack = {1090301,"許傑克",93};

(C)struct Jack = {1090301,"許傑克",93};

(D)struct.Jack = {1090301,"許傑克",93};。

( ) **5** 承上題，字串欄位name的初始化，以下哪一個正確？

(A)Jack.name ="許傑克";

(B)struct Jack.name ="許傑克";

(C)strcpy(Jack.name, "許傑克";);

(D)struct.Jack = {,"許傑克",};。

( ) **6** 請問以下結構student的記憶體大小為何？
(A)18
(B)6
(C)9
(D)24。

```
struct student
{
    int id ;
    char name [16];
    float score;
} ;
```

( ) **7** 若有一個結構陣列strudent共3個元素，且擁有name和score欄位成員，若要存取結構陣列第3個元素的score，其寫法為？
(A)student[2].score (B)student[2]->score
(C)student[3].score (D)student[3]->score。

( ) **8** 請問如何存取bookcase陣列中第二筆的author？

```
struct book
{
    char title[40];
    char author[30];
    int price;
} bookcase[3] = {{"How beautiful thing","許傑克       ",234},
                 {"歡喜過一天           ","Jack Liu",319},
                       {"期貨選擇權密技            ","劉派克
",436}};
```

(A)bookcase[1]-> author (B)bookcase[2]-> author
(C)(bookcase+1)->author (D)bookcase[2]. author。

( ) **9** 當結構陣列是引數時，傳遞給函式方式為？
(A)傳名呼叫 (B)傳址呼叫
(C)傳值呼叫 (D)傳陣列呼叫。

答 1 (C) 2 (B) 3 (A) 4 (A) 5 (C) 6 (D) 7 (A) 8 (C) 9 (B)

9-2 類別

一、類別（class）基本觀念說明

一般而言，類別就是將資料以及函數組織在同一個結構的方法。他算是一個藍圖、範本，沒有實體的概念，是屬於靜態的。那把藍圖或是設計做成實體，就屬於**物件**（object），是有實體的，始於動態的。

(一) 類別結構說明

類別包含**屬性**（property）以及**方法**（method）：

1. **屬性（property）**：就是類別的特徵，可以透過變數來表達。
2. **方法（method）**：就是類別的能力，可以透過函式來表達。

(二) 類別權限說明

存取權限	private	protected	public
自己的class存取	✔	✔	✔
繼承的class存取	✘	✔	✔
任何地方看到此class的存取	✘	✘	✔

二、類別（class）的初始化說明

一般可以定義**建構子**（constructor）來幫我們做類別（class）成員的初始化，建構子的名稱必須與類別的**名稱相同**，與一般函數不同的是它不需要寫回傳值。

(一) **建構子初始化範例-1**：相關資訊是在private時，無法顯示。

```
#include <iostream>
#include <string>
using std::string;
using std::cout;
using std::cin;
using std::endl;

class car
{
private:
    int size;
    string color;
    string type;
public:
    void drive();
};

void car::drive()
{
    cout << "我是 "<< color <<" 顏色的車\n我正在開車"<<endl;
}

int main()
{
    car mycar;
    mycar.drive();
    return 0;
}
```

```
我是  顏色的車
我正在開車
```

無法顯示**private**的資訊

(二) **建構子初始化範例-2**：在public建構一個建構子，才能把初始值，列印出來。（9-2-2-2-1.cpp）

```
class car
{
private:
        int size;
        string color;
        string type;
public:
        car (int _size, string _color, string _type);
        void drive();
};
```

```
#include <iostream>
#include <string>
using std::string;
using std::cout;
using std::cin;
using std::endl;

class car
{
private:
    int size;
    string color;
    string type;
public:
    car (int _size, string _color, string _type);
    void drive();
};

car::car(int _size, string _color, string _type)
{
    size = _size;
    color = _color;
    type = _type;
}

void car::drive()
{
    cout << "此車長為："<< size << "mm"<<endl;
    cout << "顏色為："<< color << endl;
    cout << "的："<< type << endl;
}

int main()
{
    car p1(4700, "white","wagon");
    p1.drive();
    return 0;
}
```

```
此車長為：4700mm
顏色為：white
的：wagon
```

(三) **建構子初始化範例-3**：拷貝建構子（copy constructor），拷貝建構子的作用是將傳入物件的值複製一份給自己的物件。

```
#include <iostream>
#include <string>
using std::string;
using std::cout;
using std::cin;
using std::endl;
class car
{
private:
    int size;
    string color;
    string type;
public:
    car (int _size, string _color, string _type);
    void drive();
};
car::car(int _size, string _color, string _type)
{
    size = _size;
    color = _color;
    type = _type;
}

void car::drive()
{
    cout << "此車長為："<< size << "mm"<<endl;
    cout << "顏色為："<< color << endl;
    cout << "的："<< type << endl;
}
int main()
{
    car p1(4700, "white","wagon");
    car p2(p1); //copy contructor p1 to p2
    p1.drive();
    p2.drive();
    return 0;
}
```

```
此車長為：4700mm
顏色為：white
的：wagon
此車長為：4700mm
顏色為：white
的：wagon
```

拷貝資料給**p2**

隨堂練習

( ) **1** 以下關於類別的敘述，何者錯誤？
(A)類別結構包含方法（method）
(B)類別屬於一種物件
(C)類別權限有三種
(D)類別結構包含屬性（property）。

( ) **2** 以下關於類別權限哪一個地方有誤？

存取權限	private	protected	public
自己的class存取	✔	✔	✔
繼承的class存取	✔(B)	✔	✔
任何地方看到此class的存取	✘(A)	✘(C)	✔(D)

(A)任何地方看到此class的存取（private✘）
(B)繼承的class存取（private✔）
(C)任何地方看到此class的存取（protected✘）
(D)任何地方看到此class的存取（public✔）。

( ) **3** 以下關於建構子（constructor）哪一個地方有誤？
(A)建構子的名稱必須與類別的名稱相同
(B)建構子不需要寫回傳值
(C)建構子的初始化值，在private不會顯示
(D)建構子的初始化值，在public不會顯示。

答 1 (B) 2 (B) 3 (D)

9-3 物件導向程式設計實例

一、物件導向概念說明

(一) 物件導向概念

物件導向程式（Object-oriented programming）概念，就是將利用類別（class），實現物件（object）的方法，透過物件導向的特性，加以發揮，以期達到程式的最佳效能。

(二) 物件導向特性

1. **封裝**（Encapsulation）：封裝就是將資料與函數放到物件中，物件的內部的資料是被隱藏起來的，只能透過物件本身所提供的**介面**（interface）取得物件內部屬性或者方法，不會讓其他物件直接存取，相對比較安全，不會被更改到基本的程式邏輯運算。
2. **繼承**（Inheritance）：**「子類別」**承續了父類別的功能，就是繼承的概念。也就是程式中，模組的概念，相同基礎的方法，可以寫成共用的模組提供給大家使用，如果有不足的地方或是需要更具體化時，就可以利用「子類別」來修改。也就是子物件可以繼承父物件的所有欄位與屬性，並且可以**新增欄位或修改函數**。
3. **多型**（Polymorphism）：不同的物件或是類別中，允許利用相同的方法或是屬性，以不同的方式處理資料。也就是相同名稱的方法（Method），傳入不同的參數，會執行不同的敘述。多型（Polymorphism）則包含多載（Overloading）和複寫（Overriding）。

   (1) **多載**（Overloading）：允許同一個類型中，重複定義多的同名的成員函式，可以允許參數的個數不同、資料型態不同或是順序不同。

```
public class sum
{
    public int sum(int x, int y)
    {
        return (x+y);
    }
    public int sum (int x, int y, int z)
    {
        retrun (x+y+z);
    }
}
```

(2) **複寫（Overriding）**：子類別中可以將父類別的函式，重新定義以符合自身需求。

```
class parent
{
        public:
                void display()
                {
                        cout<<"parent";
                }
}
class child:public parent
{
        public:
                void display()
                {
                        cout<<"child";
                }
}
int main()
{
        parent.obj1 = parent();
        child.obj2 = child();
        obj1.display();
        obj2.display();
}
```

二、物件導向應用實例(一)

(一) 物件導向應用（封裝）

將資料與函數指標一起放入結構中，就形成了一個類似物件的結構，其他函式可以經由interface利用此函式。

(二) 物件導向應用（封裝）程式碼範例

```c
#include <stdio.h>

struct Circle
{
  void (*newly)(struct Circle*, float);
  float (*area)(struct Circle*);
  float r;
};

float Circle_Area(struct Circle *rad)
{
    return 3.14 * rad->r * rad->r;
}

void Circle_New(struct Circle *rad, float r)
{
  rad->newly = Circle_New;
  rad->area = Circle_Area;
  rad->r = r;
}

int main() {
  struct Circle ans;
  Circle_New(&ans, 4.0);
  printf("area() = %G\n", ans.area(&ans));
}
```

把 **Circle** 封裝起來，其他函式可以透過 **interface** 進行使用，不會破壞原來的 **Circle**。

```
area() = 50.24
```

三、物件導向應用實例(二)

(一) 物件導向應用（繼承）

為了提高程式碼可重用性，可以重用父類別的成員。因此，不需要再次定義那些跟父類別成員。

(二) 物件導向應用（繼承）程式碼範例

1. **繼承類別中的元素：**

```cpp
#include <iostream>
#include <string>
using std::string;
using std::cout;
using std::cin;
using std::endl;

class car
{
public:
    int size = 4700;
    string color = "yellow";
    string type = "SUV";
};

class suvcar: public car
{
    public :
    int high = 1700;
};

int main(void)
{
    suvcar p1;
    cout << "此車長為：" << p1.size << "mm"<<endl;
    cout << "車高為：" << p1.high << "mm"<<endl;
    cout << "顏色為：" << p1.color << endl;
    cout << "的：" << p1.type << endl;

    return 0;
}
```

```
此車長為：4700mm
車高為：1700mm
顏色為：yellow
的：SUV
```

suvcar繼承car的public的元素

2. **繼承類別中的函式：**

```
#include <iostream>
#include <string>
using std::cout;
using std::cin;
using std::endl;

class car
{
public:
    void drive()
    {
        cout << "至少有四個輪子"<<endl;
    }
};

class suvcar: public car
{
    public :
    void offroad()
    {
        cout << "可以爬山涉水"<<endl;
    }
};

int main(void)
{
    suvcar s1;
    s1.drive();
    s1.offroad();
    return 0;
}
```

繼承父系類別的函式

```
至少有四個輪子
可以爬山涉水
```

3. **多重繼承**：繼承是可以傳遞的，最後的類別可以獲取所有其基礎類別的所有成員。

```
#include <iostream>
#include <string>
using std::cout;
using std::cin;
using std::endl;
class car
{
public:
    void drive()
    {
        cout << "至少有四個輪子"<<endl;
    }
};
class suvcar: public car
{
    public :
    void offroad()
    {
        cout << "可以爬山涉水"<<endl;
    }
};
class luxury: public suvcar
{
    public :
    void fourwd()
    {
        cout << "四輪驅動"<<endl;
    }
};
int main(void)
{
    luxury l1;
    l1.drive();
    l1.offroad();
    l1.fourwd();
    return 0;
}
```

多重繼承

```
至少有四個輪子
可以爬山涉水
四輪驅動
```

四、物件導向應用實例(三)

(一) 物件導向應用（多型）

多型就是針對同一種事物能夠表現出的多種形態；也就是介面多種的不同實現方式，重複使用相同介面，實現不同操作。多行有兩種型態：

1. **編譯期多型**（Compile-time）：讓編譯器自動推導決定出要執行的成員函式，程式未執行時就已經決定了，也就是靜態的多型（static polymorphism）。

   程式碼範例：

```
#include <iostream>
#include <string>
using std::string;
using std::cout;
using std::cin;
using std::endl;
int Add(int left, int right)
{
    return left + right;
}
double Add(double left, double right)
{
    return left + right;
}

int main()
{
    int sum1;
    double sum2;
    sum1 = Add(10, 20);
    cout << sum1<< endl;
    sum2 = Add(10.5,20.1);
    cout << double(sum2)<< endl;
    return 0;
}
```

```
30
30.6
```

2. **執行期多型**（run-time）：透過**動態繫結**（dynamic binding）判斷所引用的物件實際型別，來呼叫執行相對應成員函式。

   程式碼範例(一)：

```
#include <iostream>
#include <string>
using std::cout;
using std::cin;
using std::endl;
class car
{
public:
    void drive()
    {
        cout << "至少有四個輪子"<<endl;
    }
};
class suvcar: public car
{
    public :
    void drive()
    {
        cout << "可以爬山涉水"<<endl;
    }
};

int main(void)
{
    suvcar s1 = suvcar();
    s1.drive();
    return 0;
}
```

可以爬山涉水

程式碼範例(二)：多重類別

```
#include <iostream>
#include <string>
using std::cout;
using std::cin;
using std::endl;
class car
{
public:
    virtual void drive(){
        cout << "至少有四個輪子"<<endl; }
};
class suvcar: public car
{
    public :
    void drive(){
        cout << "可以爬山涉水"<<endl; }
};
class luxury: public car
{
    public :
    void drive(){
        cout << "四輪驅動"<<endl;
    }
};
int main(void)
{
    car *p;
    car poly;
        suvcar suv;
        luxury lux;
        p =&poly;
            p->drive();
        p =&suv;
            p->drive();
        p =&lux;
            p->drive();
    return 0;
}
```

多重類別

```
至少有四個輪子
可以爬山涉水
四輪驅動
```

(二) 物件導向應用（多型）程式碼範例

1. **多型（多載）**：兩個或更多個具有相同名稱但參數不同的函式稱為多型多載。多型多載的優點是它增加了程式的可讀性，不需要為同一個函式操作功能使用不同的名稱。

   程式碼範例：

```cpp
#include <iostream>
#include <string>
using std::cout;
using std::cin;
using std::endl;

class math {
    public:
    static int mult(int a,int b)
    {
        return a * b;
    }
    static int mult(int a, int b, int c)
    {
        return a * b * c;
    }
};
int main(void) {
    math sum;
    cout<<"乘積為"<<sum.mult(5, 7)<<endl;
    cout<<"乘積為"<<sum.mult(3, 11, 4)<<endl;
   return 0;
}
```

```
乘積為35
乘積為132
```

2. **多型（複寫）**：衍生的類別定義跟基礎類別同一個函式時，執行時，可以有複寫的情形。覆蓋了原來的函式，顯示後來的函式結果。

   程式碼範例：

```
#include <iostream>
#include <string>
using std::cout;
using std::cin;
using std::endl;
class car
{
public:
    void drive(){
        cout << "至少有四個輪子"<<endl;
    }
};
class suvcar: public car
{
    public :
    void drive(){
        cout << "可以爬山涉水"<<endl;
    }
};
int main(void)
{
    suvcar func = suvcar();
    func.drive();
    return 0;
}
```

→ 可以爬山涉水

隨堂練習

(　　) **1** 以下關於物件導向程式（Object-oriented programming），哪一個敘述有誤？
(A)物件導向就是將利用類別(class)，實現物件(object)的方法
(B)物件導向有三種特性
(C)多載（Overloading）的定義是，可以允許同一個類型中，重複定義多的同名的成員函式
(D)封裝（Encapsulation）的定義是，子類別中可以將父類別的函式，重新定義以符合自身需求。

(　　) **2** 以下關於物件導向程式（Object-oriented programming），哪一個是物件導向的特型？
(A)封裝（Encapsulation）
(B)繼承（Inheritance）
(C)多型（Polymorphism）。
(D)以上皆是。

(　　) **3** 以下程式中，函式sum是屬於物件導性中的哪一個特性？
(A)封裝（Encapsulation）
(B)繼承（Inheritance）
(C)多載（Overloading）
(D)複寫（Overriding）。

```
public class sum
{
    public int sum(int x, int y)
    {
        return (x+y);
    }
    public int sum (int x, int y, int z)
    {
        retrun (x+y+z);
    }
}
```

( ) **4** 以下程式中，類別（child）是屬於物件導性中的哪一個特性？
(A)封裝（Encapsulation）
(B)繼承（Inheritance）
(C)多載（Overloading）
(D)複寫（Overriding）。

```
class parent
{
        public:
                void display()
                {
                        cout<<"parent";
                }
}
class child:public parent
{
        public:
                void display()
                {
                        cout<<"child";
                }
}
int main()
{
        parent.obj1 = parent();
        child.obj2 = child();
        obj1.display();
        obj2.display();
}
```

( ) **5** 以下程式中，會列印出哪一個值？
(A)73.13
(B)56.33
(C)50.24
(D)78.50。

```
struct Circle
{
   void (*newly)(struct Circle*, float);
   float (*area)(struct Circle*);
   float r;
};
float Circle_Area(struct Circle *rad)
{ return 3.14 * rad->r * rad->r; }
void Circle_New(struct Circle *rad, float r)
{
   rad->newly = Circle_New;
   rad->area = Circle_Area;
   rad->r = r;
}
int main() {
   struct Circle ans;
   Circle_New(&ans, 5.0);
   printf("area() = %G\n", ans.area(&ans));
}
```

( ) **6** 承上題，結構Circle是屬於物件導向中的哪一個特型範圍？
(A)封裝（Encapsulation） (B)繼承（Inheritance）
(C)多載（Overloading） (D)複寫（Overriding）。

( ) **7** 以下程式中，關於車高會列印出哪一個值？

```
class car
{public:
    int size = 4700;
    string color = "yellow";
    string type = "SUV";
private:
    int high = 1600;};
class suvcar: public car
{public :
 int high = 1700;};
int main(void)
{
suvcar p1;
cout << "此車長為：" << p1.size << "mm"<<endl;
cout << "車高為：" << p1.high << "mm"<<endl;
cout << "顏色為：" << p1.color << endl;
cout << "的：" << p1.type << endl;
return 0;
}
```

(A)4700 (B)1700
(C)1600 (D)0。

( ) **8** 承上題，類別suvcar是屬於物件導向中的哪一個特型範圍？
(A)封裝（Encapsulation） (B)繼承（Inheritance）
(C)多載（Overloading） (D)複寫（Overriding）。

答 **1** (D) **2** (D) **3** (C) **4** (D) **5** (D) **6** (A) **7** (B) **8** (B)

考前實戰演練

(　　) **1** 請問下列程式語言中，何者屬於「物件導向」程式語言（Object-Oriented Programming Language）？
(A)BASIC　(B)C
(C)Java　(D)Assembly。

(　　) **2** 在物件導向程式語言中，用於描述物件外觀、大小、位置等的特徵值，稱之為何？
(A)方法　(B)繼承
(C)屬性　(D)裝封。

(　　) **3** 下列有關程式語言之敘述，何者不正確？
(A)組合語言為低階語言
(B)JAVA程式可以在不同作業系統間移植
(C)物件導向語言具封裝、繼承與多型特性
(D)組合語言不需經過組譯即可執行。

(　　) **4** 就物件導向程式設計而言，下列描述何者是對的？
(A)是一種結構化程式設計
(B)每個物件只擁有屬性（property）
(C)將問題切割成許多模組化的小問題
(D)原則上，每個物件互相獨立且無關聯性。

(　　) **5** 在物件導向（object-orientation）程式設計中，將程式碼切割成許多模組（Module），使各模組之間的關連性降到最低，並將資料和函式（物件行為）放在一起，直接定義在物件上的特性稱為：
(A)繼承（inheritance）　(B)多行（polymorphism）
(C)封裝（encapsulation）　(D)類別（class）。

(　　) **6** 下列何種機制使得Java能夠完成跨平台（Cross Platform）運作？
(A)物件導向　(B)虛擬機器
(C)多執行緒　(D)例外處理。

( ) **7** 補習班老師要兩位同學「寫作業」，一位寫「數學作業」，另一位 則寫「英文作業」，以物件導向程式設計觀點，是運用下列哪一種特性？

(A)封裝（Encapsulation） (B)繼承（Inheritance）
(C)多型（Polymorphism） (D)屬性（Property）。

( ) **8** 在物件導向的程式設計中，子類別會具備父類別的基本特性（包括屬性和方法），此種特性稱為：

(A)封裝性 (B)抽象性
(C)繼承性 (D)多態性。

( ) **9** 在物件導向程式語言中，子類別（subclass）會分享父類別（superclass）所定義的結構與行為，下列何者最能描述此種特性？

(A)封裝（encapsulation） (B)繼承（inheritance）
(C)多型（polymorphism） (D)委派（delegation）。

( ) **10** 關於物件導向的基本觀念，以下哪一敘述是錯誤的：

(A)繼承（Inheritance）的觀念是類別與物件之間的關係，每個物件會繼承類別的屬性與操作
(B)多型（Polymorphism）的觀念是允許不同的類別去定義相同的操作，等程式執行時再根據訊息的類型來決定執行此操作的物件
(C)封裝（Encapsulation）的觀念是將物件的實作細節隱藏，外界僅能透過訊息傳遞要求該物件的操作提供服務
(D)分類（Classification）的觀念是類別之間的關係，父類別是子類別的一般化，子類別是父類別的特殊化。

( ) **11** 在物件導向設計中，相同性質的物件（Objects）可以集合成為：

(A)屬性（Attributes） (B)群集（Aggregation）
(C)類別（Classes） (D)訊息（Messages）。

( ) **12** 下列哪一個程式語言具有「物件導向」的相關特性？

(A)COBOL (B)Visual Basic.NET
(C)FORTRAN (D)BASIC。

( ) **13** 當程式設計師以物件導向方式開發一個「校務行政課程管理系統」時，下列何者通常不會以類別（class）來表示？
(A)學生 (B)教師
(C)課程 (D)姓名。

( ) **14** 在下列物件導向語言的特性中，哪一種特性是指每一個物件都包含許多不同「屬性」及眾多針對不同「事件」而回應的「方法」？
(A)抽象性 (B)多型性
(C)繼承性 (D)封裝性。

( ) **15** 有關物件導向語言C++建構子（Constructor）的敘述，下列何者正確？
(A)使用時一定要配合new指令
(B)一個類別只能有一個建構子
(C)名稱要跟類別名稱一致
(D)可視性一定要宣告成public。

( ) **16** 有關C++語言的描述，下列何者有誤？
(A)一個子類別無法同時繼承多個父類別
(B)支援運算子多載
(C)支援虛擬函式
(D)支援命名空間。

( ) **17** 下列何者為C++語言的內建指標，它將自動被傳遞給類別中所有非靜態函數？
(A)new (B)sub
(C)super (D)this。

( ) **18** C++程式中，Ext類別以private型態繼承了Base類別，則Base的public成員變成Ext的何種成員？
(A)package (B)private
(C)protected (D)public。

( ) **19** C++程式已宣告結構資料如下，若欲宣告含有50個元素的此型結構資料的陣列exam應為下列何者？

```
struct Test
{ int id;char name[30];}
```

(A)Test struct exam[50]; (B)struct exam[50];
(C)Test exam[50]; (D)struct Test exam[50];。

( ) **20** 下列哪一種物件導向程式語言的特性，可以在設計程式時達到資訊隱藏（information hiding）的效果？
(A)封裝（Encapsulation） (B)繼承（Inheritance）
(C)多型（Polymorphism） (D)抽象（Abstraction）。

( ) **21** 下列有關物件導向程式語言的敘述，何者不正確？
(A)覆載（Overriding）允許同一個類別（class）中，方法（Method）名稱可以重複使用
(B)C++允許一個子類別可同時承多個不同父類別，Java則不允許
(C)動態繫結（Dynamic Binding）允許物件的行為不在編譯時期（compiler-time）決定
(D)建構子（Constructor）主要目的在於建立和初始化物件，而一個類別可以有多個建構子。

( ) **22** 在物件導向程式設計中，下列何者代表一群相似的物件？
(A)資訊隱藏 (B)繼承
(C)類別 (D)抽象概念。

( ) **23** 物件導向程式設計中，一種可以重複使用軟體的方式，主要接受既有類別的變數，並加以修改後架構出新類別的功能，此特性稱之為：
(A)多型 (B)繼承
(C)封裝 (D)抽象化。

解答及解析

Unit 1 工場安全衛生及程式應用

P.11 1 (A)。每部伺服器都需要專人管理維護。

2 (A)。利用傳送者的私鑰加密，屬於數位簽章（接收端需用傳送者的公鑰密）。

3 (D)。開始／設定／控制台／資訊安全中心（防火牆，自動更新，病毒防護）。

4 (D)。不要更新作業系統不是提升資訊安全的作法。

5 (C)。將資料設定公開，可能會讓不該存取的人存取，進而影響資料的機密性與完整性。補充：資訊安全管理目標。
(1)機密性（Confidentiality）：合法取閱資訊。
(2)完整性（Integrity）：資訊或系統維持正確與完整。
(3)可用性（Availability）：資訊或系統需要時即可取用。

6 (B)。(A)阻斷服務攻擊，利用的封包要求，使得網站服務中斷。(C)網路釣魚，利用偽裝、詐騙方式騙取使用者資訊。(D)木馬程式，會開啟系統後門的一種攻擊程式。

P.12 7 (C)。讓使用者使用來路不明的開機程式，可能會讓駭客破解系統漏洞植入木馬程式，或由使用者下載來源不明軟體時夾帶木馬程式安裝於系統。

8 (A)。「駭客入侵」是屬於人為蓄意破壞影響資訊安全的因素。

9 (B)。(A)密碼必須要取得適當的長度，以免駭客容易利用演算法來取得密碼竊取重要資料。
(C)寄來的e-mail要謹慎小心，有時候會因為駭客盜取了好友的帳號，導致好友寄出病毒，故最好是有數位簽章的加密。
(D)系統安全也有可能來自於內部網路，故不管是內部網路還是外部網路都必須要有防範資訊安全的措施。

10 (B)。在不同部門之間應該允許相關資料的流通，至於一些機密的資料則不應該全面性的開放以確保資料的安全。

11 (A)。木馬程式在電腦領域中指的是一種後門程式，是駭客用來盜取其他使用者的個人訊息，甚至是遠程控制對方的電腦而加殼製作，然後透過各種手段傳播或者騙取目標使用者執行該程式，以達到盜取密碼等各種資料的目的。與病毒相似，木馬程式有很強的隱密性，隨作業系統啟動而啟動。通常是使用者下載不明來源程式導致木馬程式被啟動。

Unit 2 程式架構的認識與實作

P.29 **1** **(A)**。直譯程式需透過直譯器逐行解譯執行，故速度較編譯器直接轉成執行檔慢，但可直接除錯，適合初學者適用。

2 **(A)**。高階語言C程式需透過編譯器（Compiler）翻譯成機器語言後在電腦上執行；直譯器（Interpreter）雖然也可翻譯高階語言的原始程式，但不會產生機器語言。

3 **(B)**。由Google開發的人工智慧軟體Alpha Go擊敗頂尖職業圍棋高手。

4 **(B)**。編譯器（compiler）是一種電腦程式，它會將某種程式語言寫成的原始碼（原始語言）轉換成另一種程式語言（目標語言）。

P.30 **5** **(D)**。編譯器（程式）編譯後，產生目的檔(.obj)再經過聯結程式（Linker）後產生可執行檔(.exe) Java、C++是屬於物件導向語言BASIC是程序導向語言，且由直譯程式（Interpreter）逐一翻譯並立即執行。

6 **(A)**。任何程式語言均需轉為機器語言才能執行。

7 **(C)**。Java是一種屬於物件導向的語言。

8 **(D)**。高階語言程式執行速度較慢。

9 **(D)**。組合語言需經過組譯程式翻譯。

10 **(B)**。組譯（Assembling）：組合語言轉成機械語言。
編譯（Compiler）：將高階程式語言原始程式碼轉成機械碼，再直接執行機械碼。
直譯（Interpreter）：對原始程式碼一邊讀解，一邊執行。

P.31 **11** **(D)**。

編譯器（Compiler）	直譯器（Interpreter）
將高階程式語言原始程式碼轉成機械碼，再直接執行機械碼。	對原始程式碼一邊讀解，一邊執行
執行速度較快	執行速度較慢
例如：C、C++、Pascal、Delphi	例如：VB、Python、Ruby

12 **(B)**。第一代程式語言為機器語言，第二代程式語言為組合語言，第三代程式語言為程序導向語言如C語言，JAVA等，第四代程式語言為非程序導向語言如PowerBuilder、SQL、Windows，第五代程式語言為自然語言。

13 (A)。編輯器（editor）是電腦軟體中的一種。主要用於用來編寫和檢視文字檔案。無法將程式轉換成機器語言，故選擇選項(A)。

14 (D)。

編譯器 （Compiler）	組譯器 （Assember）
將高階程式語言原始程式碼轉成機械碼，再直接執行機械碼。	將組合語言程式組譯為執行檔*.com。
有目的程式	有目的程式
執行速度慢	執行速度快

15 (A)。

組合語言的優點	組合語言的缺點
1. 因使用助憶指令，比機器語較易學習。 2. 低階語言程式執行效率高。 3. 程式執行速度快。 4. 最易表現計算機具有的功能。	1. 組合語言，因機種不同，所以不同的CPU，其相容性差。 2. 組合語言撰寫的程式比較長且繁瑣。 3. 程式人員需備硬體的相關知識。 4. 程式維護及修改均不易

Unit 3 變數與常數

P.53 **1 (D)**。符號表中不包含程式所使用的保留字（或稱關鍵字）。

2 (A)。C語言中，*就是指標型別，一個*代表數值型別的地址資料，**代表該指標的地址，***代表又一次的該指標的地址，所以非指標變數就是int p;。

3 (C)。都說是數字了，就不會是字串char。

4 (B)。位址運算子&:取得該變數之位址。所以取得X之位址，再印出X值為1。

5 (B)。位元組（byte）=8 bits

$2^8=256<366$

故至少需要2個位元組=16bits。

Unit 4 資料型態

P.67 1 (B)。陣列是用來處理一序列具有相同型態的資料。

2 (A)。傳值就是把資料本體複製一份後，傳進函式中，int[]為指標，不會複製整個array，其他的則是*，指標型別。

3 (B)。由程式單元間資料之溝通主要有2種參數傳遞方式：
以值傳遞（call by value）、以址傳遞（call by address）
Call by value：將參數值直接傳給被叫程式，呼叫後被叫程式若改變參數值，不會影響到呼叫程式。
Call by Address：將參數位址傳給被叫程式，因為呼叫程式與被叫程式使用同一個記憶位址儲存資料，因此被叫程式改變參數值時，會直接影響到呼叫程式。

4 (A)。佇列（Queue）具有不同進出口，由不同端進出，屬於先進先出（FIFO）。
堆疊（Stack）僅有單出入口，進能由同一端進出，屬於後進先出（LIFO）。

Unit 5 運算式及運算子

P.84 1 (B)。

A	7	6	5	4	
B	2	9	15	20	24

2 (D)。

i	0	1	1	2	3	5	8	13
j	1	0	1	1	2	3	5	8

3 (A)。(A)5\2+2^0印出3。
(B)5/2+5Mod2印出3.5。
(C)5−2=3印出True。
(D)"2"+"1"印出21。

4 (B)。3^2*2=9*2=18
10 Mod 4/2=10 Mod 2=0
18–0=18。

P.85 **5** **(D)**。Const A As Integer＝2，此為將A宣告為整數常數且值為2，因在程式中使用A＝B敘述，故產生錯誤。

6 **(B)**。(A)a=97, s=115, "abdc">"string" =False。
(B)(2>9)=False, (3<8)=True；所以(2>9)Or(3<8)＝True。
(C)((9 Mod 4)>2)=(1>2)=False, (8<3)=False；
所以((9 Mod 4)>2)And(8<3)＝False。
(D)(1<>2)=True,(5＝4)=False
(1<>2)Or(5＝4)=True
Not ((1<>2)Or(5＝4))=False。

7 **(D)**。L＝5×4＋1＝21。

8 **(C)**。Rem R=T+K，此列程式為註解說明不執行，故輸出R值為0。

9 **(B)**。(B)c=a & b & a，使用"&"可將不同的資料型態合併。

10 **(A)**。3*2^2 Mod 3*2+6\4/2
=3*4 Mod 6+6\2
=12 Mod 6+3
=0+3
=3。

P.86 **11** **(B)**。

A	1	2	3	4	5	6	7
sum	0	1	3	6	10	20	30

12 **(A)**。(A)T XOR T=F
(B)T AND T=T
(C)F OR T=T
(D)NOT F=T

P.87 **13** **(B)**。「101\5」值為20。

14 **(A)**。

Sum	0	1	3	6	10	15
I	1	2	3	4	5	6

15 **(B)**。位址運算子&:取得該變數之位址。所以取得X之位址，再印出X值為1。

P.88 **16** **(C)**。(A)(A+B')'=A'B''=A'B，
(B)(A+B)'=A'B'，
(C)(AB')'=A'+B''=A'+B，
(D)(AB)'=A'+B'
故可得選項(C)是錯的。

17 **(C)**。A OR B之運算，只要其中有一個值為1，則輸出1題目中之結果，只要其中有一個值為1，則輸出0故為NOT（A OR B）。

18 **(A)**。XOR（exclusive or），運算符號為⊕→當兩數值相同則輸出否，而數值不同時則輸出真。故當一個全部為1的遮罩進行XOR時，原本的1會輸出0，0會輸出1，達成反轉位元。

19 **(B)**。(A)NOT Gate通常一個輸入，輸入與輸出反向。
(B)AND gate，只要有一個輸入為0，輸出即為0，除非所有輸入都為1，輸出即為1。
(C)OR gate，只要有一個輸入為1；輸出即為1，除非所有輸入都為0，輸出即為0。
(D)XOR gate，輸入相同時輸出為0，輸入相同時輸入為1。

20 **(C)**。將選項中的數字帶入，可得只有選項(C)，除以2餘1，除以3餘2，除以5餘3。

21 **(C)**。13除以23餘13，所以(13)23=13×13×.......×13，所以除以23還是餘13。

P.89 **22** **(D)**。AB+B+(A+B)(~C) = AB+B+A ~C+B~C=B+A~C

23 **(C)**。依照運算字的優先處理順序處理，是否有括號以及數學的四則運算邏輯，所以處理順序為
b*c→+a→-e

24 **(D)**。費氏數列就是除了第0跟第1個元素至外，每一個值都是前兩個值的加總。分別帶入驗證：(A)得到值是45，(B)得到值是大於34，(C)是無法結束遞迴的程式碼。

25 **(A)**。依照邏輯運算子去判別結果。

運算子	功能
&&	AND
||	OR
!	NOT

(A)!(True) || True=False || True=True
(B)!True || (False || False)=False || False=False
(C)False || (True && True)=False || True=True
(D)True && False=False

P.90 **26** **(B)**。(A)14*13*12*⋯..3>40
(B)n+F(n-3)=14+F(11)=14+11+F(8)=14+11+8+F(5)=14+11+8+5+F(2)=40
(C)n-F(n-2)=14-F(12)=14-12+F(10) =14-12+10-F(8)=14-12+10-8+F(6)
=14-12+10-8+6-F(4)=14-12+10-8+6-4+F(2)=14-12+10-8+6-4+2=8
(D)數字越來越大，無法符合遞迴的條件。

27 **(A)**。此題為同一型態的資料相除，會是同一個整數型態。

```
val=b/a+c/b+d/b
val=3/2+4/3+5/3=1+1+1=3
```

Unit 6 流程指令及迴圈

P.111 **1** **(B)**。for、switch、while都屬於流程控制，只要是流程控制都包含break Statement，if雖然也是流程控制，但不需要考慮break Statement，因為已經有else statement。

2 **(B)**。此程式執行結果為0,1,2,3,4。

3 **(D)**。只要直接帶入就可以算出3*4+2*3=12+6=18。

P.112 **4** **(B)**。g2(210,42,350)=g(g(210,42),350)，g(210,42)→小於42可整除42又可整除210的數(最大公因數)，i=42，g(210,42)=42，g(42,350)=14。

5 **(B)**。第一段for迴圈初始為i為4-3=1所以g拿出第二個為2，2小於3所以此時i為1跳出for。接著第二段迴圈，1>=0成立，所以進入迴圈，s第一次為0+(3-2)*40=40，但control變成2，s第二次為40+(2-0)*20=80。

P.113 **6** **(B)**。test內的迴圈，只會有1~3。
1：j為0+(1+(3+(1+(1))))=6
2：6+(3+(1+(1))=11
3：11+(1+(1))=13。

7 **(C)**。void是不回傳資料；switch是流程控制；short是資料型別。

8 **(B)**。將n=5帶入，可得

	i==0,j=-1	i=1,j=2	i=1,j=2	i=2,j=3	i=3,j=4	i=3,j=4
sum	1+1+1=3	3+1+1+1=6	6+1+1+1=9	9+1+1+1=12	12+1+1+1=15	12+1+1+1=15
Output	i=0,j=1	i=1,j=2	i=2,j=3	i=3,j=4	i=4,j=5	i=4,j=5

P.114 **9** **(B)**。呼叫g(1234)

n=1234,m=0
n=123,m=4
n=12,m=3-4=-1
n=1,m=2-(-1)=
n=0,m=1-3=-2

10 **(B)**。從題意中的程式碼可得，j會加1加了102次，所以輸出為j=10+102=112。

11 **(A)**。12行的敘述改為『m=2*i+1;』。

P.115 **12** **(C)**。(A)跟(D)的答案中f[]並未進行任何定義，所以排除(A)(D)。
temp=b;→將b的值給予temp
b=a+b;→進行a+b的運算後給予b
a=temp;→將temp給予a。

13 **(A)**。輾轉相除法的原理，將大數除以小數，如果整除則小數就會是最大公因數；如果無法整除，將小數改為大數，餘數改為小數，繼續相除。

14 **(A)**。在迴圈的範圍內，每次執行一次會加1，同時迴圈本身（for）又會在每次結束時加1，所以每一個迴圈實際上是加了2。
程式迴圈執行四次。

i=0	i=1	i=3	i=5	i=7	i=9
print i=0	print i=1+1=2	print i=3+1=4	print i=5+1=6	print i=7+1=8	print i=9+1=10
i→0+1=1	i→2+1=3	i→4+1=5	i→6+1=7	i→8+1=9	i→10+1=11 不再執行

P.116 **15** **(D)**。按照程式的if判斷，逐步往下執行，其中比較有問題的，應該是if (count) {count=15;，比較正確的語法應該是if (count!=0) {count=15;}。

16 **(B)**。依照數學階層的原理n!=1*2*3…*n，如果其中有一個值為0的話，結果就會是0，所以第三行的判斷if (n>=0)，不能有等號存在。

17 **(D)**。看程式其實就是求2的n次方，原則上要找的就是大於2000時，是2的幾次方。

P.117 **18 (A)**。先處理(A)跟(C)，按照答案會進入迴圈4次，因為輸出四的數值。推理（a,c）=（0,2）或是（0,1）分別會進入迴圈2次與5次，所以答案(B)(C)都不對；當i=4時會輸出2，所以可以得出10=b*4=2，則(B)的值等於2。

19 (D)。第三個迴圈執行完畢，a的值會是a=1+2+3⋯+(n-1)+n，也就是a=(n+1)/2。配合第一個以及第二個回圈執行，a=n*n*(n+1)/2，也就是$a=n^2(n+1)/2$。

20 (B)。程式迴圈執行四次。

i=0	i=6	i=12	i=18
i=0+5=5	i=6+5=11	i=12+5=17	i=18+5=23

21 (D)。程式迴圈執行三次。

i=2*2*2=8	i=8*8*8=512	i=512*512*512=134217728
x=3+1=4	x=4+1=5	x=5+1=6

P.118 **22 (B)**。switch的case相當於if-else條件是中的if。所以根據程式的case改寫成if如下表示：

```
case 10:y='a'; break; →if(x==10) y='a';
case 20:
case 30:y='b'; break→else if(x==20 || x==30) y='b';
default: y='c'→else y='c';
```

23 (A)。!(X1 || X2)→為true，則(X1 || X2)→為false，所以X1, X2都為false。

24 (B)。

```
else if(s>70)應該放在else if(s>60)之前
else if(s>60)→ else if(s>=60)，需要加上等號，不然60分會是等於F
else if(s>70)→ else if(s>=70)
```

使用程式去進行編譯，會有11處錯誤。

P.119 **25 (C)**。將每個選項逐一帶入，顯示結果如下表：

k>2	(int k=6-2*i; k>2 ; k=k-1)，將i=0帶入結果為 (int k=6; k>2 ; k=k-1)→共印出4個星號
k>1	(int k=6-2*i; k>1 ; k=k-1)，將i=0帶入結果為 (int k=6; k>1 ; k=k-1)→共印出5個星號
k>0	(int k=6-2*i; k>0 ; k=k-1)，將i=0帶入結果為 (int k=6; k>0 ; k=k-1)→共印出6個星號
k>-1	(int k=6-2*i; k>-1 ; k=k-1)，將i=0帶入結果為 (int k=6; k>-1 ; k=k-1)→共印出7個星號

26 (B)。此題為利用輾轉相除法求出大公因數：作法是利用較小的數除較大的數，再用餘數（第一個）去除除數，出現的餘數（第二個）再去除第一個餘數，直到餘數為0為止，最後的餘數，即為兩數的最大公因數。

27 (D)。此題按照i=0, i<=100,i++5執行，'Hi'會被印出21次。
(A)i=0, i<20, i++1執行，'Hi'會被印出20次
(B)i=5, i<=100, i++5執行，'Hi'會被印出20次
(C)i=0, i<100, i++5執行，'Hi'會被印出20次
(D)i=5, i<100, i++1執行，'Hi'會被印出19次

P.120 **28 (D)**。

i=1	j=1→i+j=2→x=x+2=0+2=2 j=2→i+j=3→x=x+3=2+3=5 j=3→i+j=4→x=x+4=5+4=9
i=2	j=1→i+j=3→x=x+3=9+3=12 j=2→i+j=4→x=x+4=12+4=16
i=3	j=1→i+j=4→x=16+4=16+4=20
i=4	不符合j的if條件
i=3	不符合j的if條件

所以答案是20。

Unit 7 陣列及指標

P.151 **1 (B)**。列為主(Row-Major)
→Data[i][j]=起始位址+元素距離)*[(i*每一行元素個數)+j]以行為主(Column-Major)。
→Data[i][j]=起始位址+(元素距離)*[(j*每一列元素個數)+i]第3列4行優先之陣列順序為72。

2 (D)。佇列(Queue)先進先出。
堆疊(Stack)先進後出。

3 (C)。每個陣列佔用4個bytes，故第50個元素可得1024+(50-1)x4=1220。

4 (B)。陣列是處理一序列中具有相同型態的資料。

5 (B)。不會檢查，如果超過就會跳錯。

6 (A)。C語言中，*就是指標型別，一個*代表數值型別的地址資料，**代表該指標的地址，***代表又一次的該指標的地址，所以非指標變數就是int p;。

P.152 **7** **(D)**。this的用法就是找到自己的instance，而這個this是物件，不是class，答案是(D)。

8 **(D)**。只要直接帶入就可以算出3*4+2*3=12+6=18。

9 **(B)**。for、switch、while都屬於流程控制，只要是流程控制都包含break Statement，if雖然也是流程控制，但不需要考慮break Statement，因為已經有else statement。

10 **(B)**。此程式執行結果為0,1,2,3,4。

P.153 **11** **(A)**。(B)程式片段在執行時會產生錯誤(run-time error)→結果不符合預期，但是執行時，不會有run-time seeor。
(C)程式片段中有語法上的錯誤→本程式可以執行，沒有語法錯誤。
答案(A)，第一列總和是正確，但其他列總和不一定正確。原因是只有第一列在執行前有將變數rowsum先歸零，其他列在計算時，都沒有歸零，所以計算結果不一定正確。

12 **(B)**。A[3]=A[1]; →先將A[1]的值給A[3]
A[1]=A[2];→A[2]的值給A[1]
A[2]=A[3];→最後將A[3]的值給A[2]

13 **(B)**。

i=0 A[0]=80>-1	i=1 A[1]=90>80	i=2 A[2]=100>90
M=A[0]→M=80	M=A[1]→M=90	M=A[2]→M=100

該條件最大值M＝100，與N最小值=101，互為衝突，所以是錯誤的。

P.154 **14** **(B)**。二分法的搜尋是需要事先先做排序的，3,1,4,5,9是沒有排序的選項，所以無法使用二分法的搜尋。

15 **(C)**。

G(p,0,1)	G(p,2,4)	G(p,0,4)
a=k(p,0) 因為p[0]=0 所以a=0	a=k(p,2) 因為p[0]=2 所以a=2	a=k(p,0) 因為p[0]=0 所以a=0
b=k(p,1) 因為p[1]=1 所以b=1	b=k(p,4) 因為p[4]=2 所以b=4	b=k(p,4) 因為p[4]=2 所以b=2

G(p,0,1)	G(p,2,4)	G(p,0,4)
因為a!=b符合if條件，所以p[1]=0 所以p[5]={0,0,2,3,4}	因為a!=b符合if條件，所以p[4]=2 所以p[5]={0,0,2,3,2}	因為a!=b符合if條件，所以p[4]=2 所以p[5]={0,0,0,3,2}

綜合以上分析，p陣列有3個元素是0。

16 **(B)**。此題為一個迷宮矩陣，前兩個for迴圈的i值，是陣列maze的列，迴圈的j值，表示陣列maze的行；dir為左（-1,0）、上（0,1）、右（1,0）、下（0,-1）四個方向的移動量，此題為計算每一個位置可能的行徑總數。

i=1,j=1	上下左右 共有4個1	i=1,j=2	上下左右 共有1個1	i=1,j=3	上下左右 共有3個1
i=2,j=1	上下左右 共有1個1	i=2,j=2	上下左右 共有2個1	i=2,j=3	上下左右 共有2個1
i=3,j=1	上下左右 共有3個1	i=3,j=2	上下左右 共有2個1	i=3,j=3	上下左右 共有2個1

Count變數值總共為(4+1+3)+(1+2+2)+(3+2+2)=20

P.155 **17** **(B)**。此題陣列共有12個字元『Hello world!』，所以會儲存在陣列的str[0]~str[11]的位置，字串的最後一個字元之後，必須以『\0』當作結束字元，所以str[12]=『\0』。

18 **(B)**。根據以下程式片段，可以得出初始值

sum=0; arr[0]=0;……arr[9]=9;

```
for (int i=0; i<10; i=i+1)
arr[i]=i;
sum=0;
```

進入for迴圈，相關的值會依照以下程式的片段執行

```
for (int i=1; i<9; i=i+1)
sum=sum- arr[i-1]+arr[i]+arr[i+1];
```

所以sum的值，會顯示如下表：

i=1	i=2	i=3	i=4	i=5	i=6	i=7	i=8
sum=3	sum=4	sum=5	sum=6	sum=7	sum=8	sum=9	sum=10

Sum=3+4+5+6+7+8+9+10=52

19 **(D)**。此題指標與取址的問題，指標的值並非資料本身，而是另一塊記憶體的虛擬位址(address)。我們可利用指標間接存該指標所指向的記憶體的值。而雙重指標的變數，就是某個指標變數在記憶體中的位置。

範例說明：

```
int score=10, *ptr1, **ptr2;
ptr1=&score;
ptr2=&ptr1;
```

所以*ptr1=num=10

　*ptr2=ptr1→**ptr2=num=10;。

P.156 **20** **(B)**。將i=1~4逐一帶入程式，即可以獲得答案。

i=	A[i]	B[i]	c
1	6	5	1
2	10	10	1
3	14	15	2
4	18	20	4

21 **(B)**。依序把4個值帶入，即可以獲得輸出結果。

答案(B)回輸出20 is the smallest。

22 **(D)**。依序人工方式推演陣列的變化，得知b[1]=1，b[2]=2….b[100]=100

a[0]=0

a[0]=b[1]+a[0]=1+0=1；

a[1]=b[2]+a[1]=2+1=3….以此推斷此程式的規則性

a[n]=n+(1+2+3+…..n-1)= $n*(n+1)/2$

所以：

a[30]=30*(30+1)/2=465

a[50]=50*(50+1)/2=1275

a[50]-a[30]=1275-465=810

P.157 **23** **(D)**。此題程式的運算，很像氣泡排序法，先比較大小後，符合條件時，才會交換位置。此程式的最後結果，會將a[0]移動到a[n-1]，所以for的迴圈限制值，會是n-2。

24 **(A)**。此題是考陣列的位置，要注意的是陣列的大小以及每個陣列元素所需要的記憶體大小，A[0][0]會經過A[0][1]→A[0][2]→A[0][3]→A[1][0]→A[1][1]→A[1][2]，總共會有6個差距，所以2*6=12，再加上原始位置108，就會是108+12=120。

25 (C)。此題的第一個迴圈之進行元素的交換動作：

```
tmp=a[i];
a[i]=a[n-i-1];
a[n-i-1]=tmp;
```

i值	動作	陣列內容
0	a[0]跟a[8]交換	{2, 3, 5, 7, 9, 8, 6, 4, 1}
1	a[1]跟a[7]交換	{2, 4, 5, 7, 9, 8, 6, 3, 1}
2	a[2]跟a[6]交換	{2, 4, 6, 7, 9, 8, 5, 3, 1}
3	a[3]跟a[5]交換	{2, 4, 6, 8, 9, 7, 5, 3, 1}
4	a[4]跟a[4]交換	{2, 4, 6, 8, 9, 7, 5, 3, 1}
5	a[5]跟a[3]交換	{2, 4, 6, 7, 9, 8, 5, 3, 1}
6	a[6]跟a[2]交換	{2, 4, 5, 7, 9, 8, 6, 3, 1}
7	a[7]跟a[1]交換	{2, 3, 5, 7, 9, 8, 6, 4, 1}
8	a[8]跟a[0]交換	{1, 3, 5, 7, 9, 8, 6, 4, 2}

第二個迴圈之進行資料的列印動作：

```
for (int i=0; i<=n/2; i=i+1)
printf ("%d %d ", a[i], a[n-i-1]);
```

i=0, n=9	a[0]=1, a[8]=2
i=1, n=9	a[1]=3, a[7]=4
i=2, n=9	a[2]=5, a[6]=6
i=3, n=9	a[3]=7, a[5]=8
i=4, n=9	a[4]=9, a[4]=9

所以答案輸出為：1,2,3,4,5,6,7,8,9,9。

P.158 **26 (D)**。此題可以將答案一一帶入驗證：

search(-1)=0→0>-1所以正確

search(0)=2→2>0所以正確

search(10)=12→12>10所以正確

search(16)=14<16→所以錯誤

27 (C)。if (A[i] > p)

p=A[i];→p是最大值。→答案(A)(D)都對

if (A[i] < q)

q=A[i];→q是最小值。→答案(B)正確

答案(C)應該為q<=p→因為如果陣列中的元素都相等的話，p=q。

Unit 8 公用函式及函式

P.185 **1** **(B)**。C(3,3)=1，C(3,2)=1+C(2,1)=1+1+C(1,0)=1+1+1，1+1+1+1=4。

2 **(B)**。g2(210,42,350)=g(g(210,42),350)，g(210,42)→小於42可整除42又可整除210的數（最大公因數），i=42，g(210,42)=42，g(42,350)=14。

3 **(B)**。第一段for迴圈初始為i為4-3=1所以g拿出第二個為2，2小於3所以此時i為1跳出for。

接著第二段迴圈，1>=0成立，所以進入迴圈，s第一次為0+(3-2)*40=40，但control變成2，s第二次為40+(2-0)*20=80。答案為(B)。

P.186 **4** **(B)**。test內的迴圈，只會有1~3。

1：j為0+(1+(3+(1+(1)))=6

2：6+(3+(1+(1))=11 3: 11+(1+(1))=13

5 **(C)**。strlen是指string length。

6 **(D)**。malloc:memory allocation跟作業系統要求一段記憶體區段，該區段沒有初始化狀態。

calloc: contiguous allocation，跟作業系統要求一段記憶體區段，該區段初始化狀態0x00。

free:釋放malloc及calloc要求的記憶體空間。return:是函數控制的終點。

7 **(B)**。同上題解析。

8 **(C)**。realloc是可以改變配置記憶體空間的指令。

9 **(A)**。如同物件導向一樣，無法繼承多個父類別，這會變成基底不明確，導致轉型沒有一個統一的依據，如果要繼承多個父類別處理邏輯，可以使用虛擬函式執行類似多型之作業。

P.187 **10** **(D)**。public、private及protected都是封裝內的修飾字，依序是公開繼承、僅私有不繼承及受限的保護繼承，以致不再讓下一個繼承者繼承。

11 **(B)**。(B)答案有誤，(B)是陣列，(A)是函式回傳修飾字，代表不回傳任何東西。

12 **(C)**。void是不回傳資料；switch是流程控制；short是資料型別。

13 **(B)**。先不看遞迴的部份，基本n為多少該式就會被執行多少，最後遞迴部份會更新n進入再次呼叫f，所以該行的執行次為所有n的總和，為n依次1000、666、444、296、197、131、87、58、38、25、16、10、6、4，最後在n=2時會停止遞迴開始回傳，因此n的總和為（不用加最後的2，最後的2在if判斷式時就會被回傳）2978，最接近的答案為3000。

14 (B)。因n>10，所以會先產生13+12+11+1013+12+11+10和，接下來m的部份會產生15+13+1115+13+11，最後當m, n皆小於10，所以計算m+n=9+9m+n=9+9，將所有的值加13+12+11+10+15+13+11+9+9=103。

P.188 **15** (C)。實際演算如下表顯示：f(a,10)→index=7。

i值	a[i]	index	a[index]
1	3	0	1
2	9	1	3
3	2	2	9
4	5	2	9
5	8	2	9
6	4	2	9
7	9	2	9
8	6	7	9
9	7	7	9

16 (C)。g(13)=g(11)+3=g(9)+3+3=g(7)+3+6=g(5)+3+9=g(3)+3+12=g(1)+3+15=19。

17 (C)。試用f1(1)，去跑此程式，會知道f2其實只會被呼叫2次而已。

P.189 **18** (A)。此程式主要在測試兩個函式間的遞回呼叫。把握以下邏輯的原則，推演foo(15106)，bar(3091)以及foo(6693)即可以得到解答。

foo的函式符合(i<=5)→print foo : i
不符合(i<=5)時→呼叫bar函式，同時 i-10
bar的函式符合(i<=10)→print bar : i
不符合(i<=5)時→呼叫foo函式，同時 i-5

19 (A)。此程式將n=22帶入函式f，直到n=1才會停止。剛進入程式會先列印22。

遞回次數	執行	輸出n的值
1	n=n/2=22/2=11	11
2	n=3*n+1=3*11+1=34	34
3	n=n/2=34/2=17	17
4	n=3*n+1=3*17+1=52	52
5	n=n/2=52/2=26	26
6	n=n/2=26/2=13	13
7	n=3*n+1=3*13+1=40	40

遞回次數	執行	輸出n的值
8	n=n/2=40/2=20	20
9	n=n/2=20/2=10	10
10	n=n/2=10/2=5	5
11	n=3*n+1=3*5+1=16	16
12	n=n/2=16/2=8	8
13	n=n/2=8/2=4	4
14	n=n/2=4/2=2	2
15	n=n/2=2/2=1	1

20 **(C)**。此4帶入g()函式，可以得出結果：

```
g(4)=f(1)+f(2)+f(3)
    =(1+f(2))+(3+f(3))+(1+f(4))
    =(1+3+f(3))+(3+1+f(4))+(1+1)
    =(1+3+1+f(4))+(3+1+1)+(1+1)
    =(1+3+1+1)+(3+1+1)+(1+1)
    =6+5+2=13
```

P.190 **21** **(B)**。此程式中只有一處可以列印結果：朝著使用a=3 and b=3帶入去求出值。

```
if ((a==2) && (b==3)) {
printf ("%c %d\n", t, c);}
```

(1)迴圈中，a=2時

```
c=a→c=2
t=item[a]→t=item[2]='3'
```

(2)迴圈中，b=3時

```
item[3]<t →c=b=3
    →t=item[3]='1'
```

所以輸出的結果t=1，c=3。

22 **(C)**。此程式又是呼叫遞迴的程式，首先先找到程式結束點，來判別；程式中k函式的結束點，會是當n<0的時候。當瞭解該結束點時，可以將題目給的參數帶入函式中，來看看結果。

```
G(3) →K(a,3)
根據此行程式(K(a, n-1)+a[n]
K(a,3)=K(a,2)+a[3] (int a[]={5,4,3,2,1}, a[3]=2)
      =K(a,1)+a[2]+2 (int a[]={5,4,3,2,1}, a[2]=3)
      =K(a,0)+a[1]+3+2 (int a[]={5,4,3,2,1}, a[1]=4)
      =K(a,-1)+a[0]+4+5(int a[]={5,4,3,2,1}, a[0]=5)
      =0+5+4+5=14
```

P.191 **23 (D)**。此程式可以根據每一個條件，先推演出程式：

例如 a<3時，根據F(a-2)+F(a-3)可以推演出下列：

F(7)=F(5)＋F(4)

=F(3)＋F(2)+F(2)＋F(1)

=F(2)＋F(1)+F(2)＋F(2)+F(1)

=1+1+1+1+1=5

以此推演當a<0時，F(7)=12。

24 (B)。此程式為資料堆疊(stack)的原理，也就是後進先出的概念，帶入值運作過程如下：

G(1)	printf a=1 G(a+1)→G(2) G(1) printf a=1(放入堆疊)
G(2)	printf a=2 G(a+1)→G(3) G(2) printf a=2(放入堆疊)
G(3)	printf a=3 3>=3→return

所以列印出：12321。

25 (D)。此程式直接從main帶入A=0, m=5：

```
B=B * B→ G(5)=5*5=25
A=G(m) →A=G(5)=25
A=G(m)+A→ G(5)+25=50
```

P.192 **26 (A)**。逐一帶入驗證：

a=2, x=0	直接return=1
a=2, x=1	A.((2*a)+2)*G(a,x-1) →(2*2+2)*G(2,0)=6*1=6 B.(a+5)*G(a-1,x-1) →(2+5)*G(1,0)=7*1=7 C.((3*a)-1)*G(a,x-1) →(3*2-1)*G(2,0)=5*1=5 D.(a+6)*G(a,x-1) →(2+6)*G(2,0)=8*1=8

27 **(B)**。帶入驗證G(3,7)根據公式(a * G(a, x- 1) 進行運算。
G(3,7)=(3*G(3,6))=(3*3*G(3,5))=(3*3*3*G(3,4))=(3*3*3*3*G(3,3))=
(3*3*3*3*3*G(3,2))=(3*3*3*3*3*3*G(3,1))=(3*3*3*3*3*3*3*G(3,0))=
3*3*3*3*3*3*3*1=2187

28 **(C)**。此程式也是遞迴的結構，要先找到程式結束的地方。
if (x<y)也就是x>=y時，會結束執行。

search(1,10,3)→x=1,y=10,z=3	t=ceiling ((x+y)/2) →t=(1+10)/2=6，因為z<t，所以執行search(x, t- 1, z)＝search(1,5,3)
search(1,5,3)→ x=1,y=5,z=3	t=ceiling ((x+y)/2) →t=(1+5)/2=3，因為z>=t，所以執行search(t, y, z)＝search(3,5,3)
search(3,5,3)→ x=3,y=5,z=3	t=ceiling ((x+y)/2) →t=(3+5)/2=4，因為z<t，所以執行search(x, t- 1, z)＝search(3,3,3)
search(3,3,3) → x=3,y=3,z=3	因為x==y，所以結束

P.193 **29** **(D)**。根據以下程式片段先計算各個F函式的值：

```
for (i=0; i<x; i=i+1)
printf("*");
if (x>1) {
F(x/2);
F(x/2);
```

```
F(1)→i=0<1→ printf("*");→1
F(2)→i=0<2→ printf("*");→1
  →i=1<2→ printf("*");→1
  →i=1<2→F(2/2)+F(2/2)=2* F(1)
 =1+1+2* F(1)=4…….
F(3)=3+2* F(1)=3+2=5
F(4)=4+2* F(2)=4+2*4=12
F(5)=5+2* F(2)=5+2*4=13
F(6)=6+2* F(3)=6+2*5=16
F(7)=7+2* F(3)=7+2*5=17
F(8)=8+2* F(4)=8+2*12=32
F(9)=9+2* F(4)=9+2*12=33
F(10)=10+2* F(5)=10+2*13=36
F(11)=11+2* F(5)=11+2*13=37
F(12)=12+2* F(6)=12+2*16=44
```

(A)A1(5)=F(5/5)+F(4*5/5)=F(1)+F(4)=1+12=13
A2(5)=F(2*5/5)+F(3*5/5)=F(2)+F(3)=4+5=9
所以A1(5)> A2(5)→正確
(B)A1(13)=F(13/5)+F(4*13/5)=F(2)+F(10)=4+36=40
A2(13)=F(2*13/5)+F(3*13/5)=F(5)+F(7)=13+17=30
所以A1(13)>A2(13) →正確
(C)A1(14)=F(14/5)+F(4*14/5)=F(2)+F(11)=4+37=41
A2(14)=F(2*14/5)+F(3*14/5)=F(5)+F(8)=13+32=45
所以A2(14)> A1(14) →正確
(D)A1(15)=F(14/5)+F(4*15/5)=F(3)+F(12)=5+44=49
A2(15)=F(2*15/5)+F(3*15/5)=F(6)+F(9)=16+33=49
所以A2(15)=A1(15)→錯誤

30 (C)。將B(5,2)帶入程式中，計算可以印出多少次"base case"。

當(k==0 || k==n)條件下，會列印"base case"
B(5,2)=B(5-1,2-1)+B(5-1,2)=B(4,1)+B(4,2)=B(3,0)+B(3,1)+B(3,1)+B(3,2)
B(3,2)=B(2,1)+B(2,2)=B(1,0)+B(1,1)+1=1+1+1=3
B(3,1)=B(2,0)+B(2,1)=1+B(1,0)+B(1,1)=1+1+1=3
所以B(3,0)+B(3,1)+B(3,1)+B(3,2)=1+2*3+3=10

31 (D)。當i=0時，X[(i+2)%10]=X[(0+2)%10]=X[2%10]=X[2]=0
所以選項陣列中的第三個位置（X[0], X[1], X[2]），只有選項(D)符合為0。

i=0	i=1	i=2	i=3	i=4	i=5
X[2]=0	X[3]=1	X[4]=2	X[5]=3	X[6]=4	X[7]=5
i=6	i=7	i=8	i=9		
X[8]=6	X[9]=7	X[0]=8	X[1]=9		

P.194 **32 (D)**。K函式為遞迴函式，結束的條件為(b%4)，也就是b為4的倍數，題目所問的是n，是計算函式的執行次數。因為b為4的倍數，所以我們可以從前面的4的數字推演G(100)的執行次數。

b=0	執行一次就會跳脫，所以n累加1
b=1	為4的倍數+1的型態，n累加4，才能跳脫遞迴函式
b=2	為4的倍數+2的型態，n累加3，才能跳脫遞迴函式
b=3	為4的倍數+3的型態，n累加2，才能跳脫遞迴函式
b=4	會跟b=0一樣

每一次4的倍數循環，n會累加(1+4+3+2)=10次
所以G(100)的累加次數，會是(100/4)*10=250次。

33 (D)。將題目程式化的結果：
0<=rand()<=10000→%901
0<=rand()%901<=900→+100
100<=rand()%901+100<=1000

34 (D)。此程式的結束條件為：
(n%2==1) && (n>1)以及n%2==0，所以不能符合上述條件，才能印出n值。以下用F(15)帶入驗證，總共印出15次。

1	F(15)	印出15	回傳F(5*15+1)=F(76)
2	F(76)	印出76	回傳F(76/2)=F(38)
3	F(38)	印出38	回傳F(38/2)=F(19)
4	F(19)	印出19	回傳F(5*19+1)=F(96)
5	F(96)	印出96	回傳F(96/2)=F(48)
6	F(48)	印出48	回傳F(48/2)=F(24)
7	F(24)	印出24	回傳F(24/2)=F(12)
8	F(12)	印出12	回傳F(12/2)=F(6)
9	F(6)	印出6	回傳F(6/2)=F(3)
10	F(3)	印出3	回傳F(5*3+1)=F(16)
11	F(16)	印出16	回傳F(16/2)=F(8)
12	F(8)	印出8	回傳F(8/2)=F(4)
13	F(4)	印出4	回傳F(4/2)=F(2)
14	F(2)	印出2	回傳F(2/2)=F(1)
15	F(1)	印出1	不執行

P.195 **35 (C)**。

當while (a<10)，可以執行a=a+5
While (a>=10)→可以執行下列if敘述
1. if (a<12)→只有10 or 11符合條件，但是會執行 a=a+2
   所以a的值會變成12 or 13。
2. if (a<=11)→12 or 13不符合次條件，所以a=5的敘述，不會被執行。

36 (D)。

F(7)	回傳值為17	符合return 2*7+3=17
F(8)	回傳值為25	符合return 8*3+1=25

依照各個選項判別，只有a*a<50符合。

37 (A)。此題目在測試全域變數以及區域變數的套用：
主程式main()中的g2為全域變數，f1()函式中的g1為區域變數，f2函式中g1為全域變數，g2區域變數。

```
1. main()中的f1(g2)=f1(10)
   retrun g1+v=10+0=10→g2=f1(g2)→g2=10;
2. f2(f2(g2))=f2(v+c+g1=)=f2(10+10+30)→g1為全域變數30
   v=v+c+g1→v=50→retrun v→v=50
   f2(f2(g2))=f2(50)=f2(v+c+g1)=f2(50+10+10)=f2(70)
```

P.196 **38 (C)**。此題目的結束點在於x<1，return 1
將數值帶入結果說明如下：

F(5,2)	F(x-y,y)+F(x-2*y,y)=F(3,2)+F(1,2)
F(3,2)+F(1,2)	F(1,2)+F(-1,2)+F(-1,2)+F(-3,2)
F(1,2)	F(-1,2)+F(-3,2)

所以F(5,2)=F(-1,2)+F(-3,2)+F(-1,2)+F(-1,2)+F(-3,2)=1+1+1+1+1=5。

Unit 9 結構及類別

P.224 **1 (C)**。系統以要處理物件的架構思考為出發點的語言，都是物件導向的語言，物件導向程式語言包含Common Lisp、Python、C++、Objective-C、Smalltalk、Delphi、Java、Swift、C#、Perl、Ruby與PHP等。

2 (C)。裝封與繼承是其特性、方法是指執行面。

3 (D)。組合語言必須經過組譯才可以執行。

4 (D)。原則上，每個物件互相獨立且無關聯性。

5 (C)。此為封裝的特性。

6 (B)。Java不同於一般的編譯語言或直譯語言。它首先將原始碼編譯成位元組碼，然後依賴各種不同平台上的虛擬機器來解釋執行位元組碼，從而實現了「一次編寫，到處執行」的跨平台特性。

P.225 7 (C)。此為多型的特性，利用相同函式做不同的行為。

8 (C)。在物件導向的程式設計中，子類別會具備父類別的基本特性（包括屬性和方法），此種特性稱為繼承性。

9 (B)。此特性稱為繼承。

10 (D)。物件導向只有三個特性，封裝、繼承、多型。沒有包含分類。

11 (C)。在物件導向設計中，相同性質的物件（Objects）可以集合成為類別。

12 (B)。Visual Basic.NET具有「物件導向」特性。

P.226 13 (D)。姓名通常不以類別來表示。

14 (D)。此稱為物件的封裝性。

15 (C)。(A)不一定，可以是靜態呼叫。　(B)可以多建構。
(C)一定要一樣，正確。　(D)沒有public，外部結構是看不到的。

16 (A)。如同物件導向一樣，無法繼承多個父類別，這會變成基底不明確，導致轉型沒有一個統一的依據，如果要繼承多個父類別處理邏輯，可以使用虛擬函式執行類似多型之作業。

17 (D)。this的用法就是找到自己的instance，而這個this是物件，不是class，答案是(D)。

18 (B)。所有的東西都會變成private答案為(B)。

P.227 19 (D)。結構一定要加上struct，命名方式與一般陣列一樣，所以是(D)。

20 (A)。封裝（Encapsulation）：是物件導向特性之一，將實作和介面分開，使得抽象性函式介面的實作細節部份包裝、隱藏起來，以便讓同一介面但不同的實作的物件能以一致的面貌讓外界存取。

21 (A)。多載-（Overloading）：可以由Method的參數個數和型態來區分同一個class裡的Method名稱，因此Method名稱可以重複使用。
複寫-（Overriding）：是指「子類別」繼承父類別，但是改寫父類別既有的函式，將父類別函式重新定義以符合自身所需。

22 (C)。物件導向程式設計中類別（Class）代表一群相似的物件。

23 (B)。繼承-（Inheritance）：可以重複使用軟體的方式，主要接受既有類別的變數，並加以修改後架構出新類別的功能。

國家圖書館出版品預行編目(CIP)資料

(升科大四技)程式設計實習完全攻略/劉焱編著. -- 第一版. -- 新北市 : 千華數位文化股份有限公司, 2021.08

面 ; 公分

ISBN 978-986-520-583-6(平裝)

1.電腦程式設計

312.2　　　110012276

[升科大四技] 程式設計實習 完全攻略

編 著 者：劉 焱

發 行 人：廖 雪 鳳
登 記 證：行政院新聞局局版台業字第 3388 號
出 版 者：千華數位文化股份有限公司
地址／新北市中和區中山路三段 136 巷 10 弄 17 號
電話／ (02)2228-9070　傳真／ (02)2228-9076
郵撥／第 19924628 號　千華數位文化公司帳戶
千華公職資訊網：http://www.chienhua.com.tw
千華網路書店：http://www.chienhua.com.tw/bookstore
網路客服信箱：chienhua@chienhua.com.tw

法律顧問：永然聯合法律事務所
編輯經理：甯開遠
主　　編：甯開遠
執行編輯：陳資穎
校　　對：千華資深編輯群
排版主任：陳春花
排　　版：翁以倢

出版日期：2021 年 8 月 30 日　　第一版／第一刷

本書如有勘誤或其他補充資料，
將刊於千華公職資訊網　http://www.chienhua.com.tw
歡迎上網下載。